饭前一碗汤　胜过良药方

广东靓汤 ①

头啖汤美食酒家　编

SPM 南方出版传媒　广东人民出版社

·广州·

图书在版编目（CIP）数据

广东靓汤. 1/头啖汤美食酒家编. —广州：广东人民出版社，2018.7(2021.6 重印）

ISBN 978-7-218-12671-5

Ⅰ．①广… Ⅱ．①头… Ⅲ．①汤菜－菜谱－广东 Ⅳ．①TS972.122

中国版本图书馆CIP数据核字(2018)第072941号

GuangDongLiangTang 1

广 东 靓 汤 1

头啖汤美食酒家 编

出 版 人：肖风华

策　　　划：李　敏
责任编辑：李　敏
装帧设计：刘焕文
责任技编：吴彦斌

出版发行：广东人民出版社
地　　址：广州市海珠区新港西路204号2号楼（邮政编码：510300）
电　　话：（020）85716809（总编室）
传　　真：（020）83780199
网　　址：http://www.gdpph.com
印　　刷：广州市浩诚印刷有限公司
开　　本：787mm×1092mm　　1/16
印　　张：9.5　　　字　数：160千
版　　次：2018年7月第1版
印　　次：2021年6月第5次印刷
定　　价：39.80 元

如发现印装质量问题，影响阅读，请与出版社（020-85716849）联系调换。

前言 PREFACE

汤作为我国菜肴的一个重要组成部分，具有其他饮食不可替代的作用。饭前喝汤，可湿润口腔和食道，刺激胃口以增进食欲；饭后喝汤则可润喉爽口，有助消化。中国传统医学一直将汤作为养生的良方。此外，汤在防病、保健、美容等诸多方面也对人体的健康起到非常重要的作用。中华汤文化源远流长，独具特色。《吕氏春秋·本味篇》就这样记载了煨汤的真谛："凡味之本，水最为始，五味三材，九沸九变，则成至味。"流传至今的"民以食为天，食以汤为先"，正是汤文化几千年历史的生动写照。

在广东，汤文化已融进了人们的日常生活。"无汤不成席"正说明了广东人对汤的重视程度，而广东人煲汤的功力也达到了炉火纯青的境界。从汤料合理适当的搭配到火候的严格控制，都反映出广东人对于汤的精细考究。在种类繁多的汤式中，"头啖汤"是广东人最崇尚的。所谓头啖汤，就是第一拨儿出锅的汤。头啖汤好喝，鲜。最重要的是，喝头啖汤得早起，不能早起的人就喝不到。如今，"饮头啖汤"已引申为做领头羊，也象征着广东人创新、开放、改革的精神。

养生汤品与季节密切相关。一年当中，由于四季的气候不同，存在春湿、夏热、秋凉、冬寒等不同特点，人的生理、病理也受到这种气候变化的影响。春季万物生发向上，处于复苏过程，五脏属肝宜升补。夏季天气炎热，人体喜凉，五脏属心宜清补。秋季气候凉爽，五脏属肺宜平补。冬季气候寒冷，人体收敛潜藏，五脏属肾宜温补。这套《广东靓汤》丛书就是根据四季不同的进补需求来编写的，分为四册。书中近四百道汤品均为头啖汤美食酒家的精心推荐。

　　春回大地，万物复苏。此时，人体肌肤新陈代谢还不能适应气候变化的速度，因此皮肤中的污垢易引起炎症、化脓。加上春季湿度逐渐加大，而温暖的气候和一定的湿度给细菌、病毒在呼吸道中生长创造了条件，这时，饮食要根据春天的气候特点，有针对性地进补。

　　第一，春天饮食宜清淡，防上火。春季人易上火，因肝火上升，致使肺阴更虚，肺结核等病菌容易乘虚而入。在汤品选择上应以滋阴润肺、补气养颜为主，如冬虫夏草百合炖猪肚、木瓜鱼头汤、合欢花枣仁炖猪瘦肉等。第二，春天要多食辛甘之品助春阳。春季阳气初发，辛甘之品可以助阳，阴虚内热之人则应多食消火之物，并多选择含B族维生素、维生素E的食物，以养脾胃。汤品黄芪淮山炖羊肉、冬菇木耳花生煲猪肚、黄精祛湿豆煲乌鸡、江珧柱赤小豆煲生鱼等，可壮阳补精、健脾防癌，同时具有降火功效。第三，春季饮食宜多甜少酸防"肝旺"。中医认为，春季为人体五脏之一的肝脏当令之时，宜适当食用辛甘的食品，而生冷之物则应少食，以免伤害脾胃，还要防止"肝旺伤脾"。因此，在春季应该多饮祛湿利水、护肝养肝和益补中气的汤品，如棉茵陈薏米煲鲫鱼、鹿叶参杏仁炖猪瘦肉、三七花玉竹炖台鲍等。

　　《广东靓汤1》着重介绍了春季最合理的营养搭配，详细讲解了近百款汤品的制作方法、营养功效，同时还包含了最地道的广东老火靓汤的烹饪窍门。我们相信，即使您没有煲过汤，不是土生土长的广东人，按照书中的提示，也一定能做出一道道健康又美味的保健养生靓汤。

Contents 目录

1 第一篇 养肝

春为四时之首，万象更新之始，肝为人体保健与免疫力之源，养生宜"应春温之气以养肝"。

35 第二篇 补阳

冬去春来，春阳升发，万物苏醒，欣欣向荣。人体也是如此，阳气升发，故适时补阳，使其不断充沛，才能健壮体魄。

69　第三篇　健脾

春季气候变化较大，天气时暖时寒，敏感的脾脏容易受到影响。脾与人体健康息息相关，因此，春季养生必须健脾。

70　顺时养生，健脾在于春

99 第四篇 祛湿

春雨"润物细无声"，但连绵春雨也加重了湿邪，给人体机能带来不少考验。这季节，祛湿是个绕不开的养生话题。

第一篇
养肝

中医认为，春为四时之首，万象更新之始，肝为人体保健与免疫力之源，养生宜"应春温之气以养肝"。

春回大地，养肝正当时

　　春天，万物生发，大自然生机勃勃。按五行学说，春属木，与肝相应。我国自古便有"应春温之气以养肝"的养生理念，也就是说，我们在日常生活中应利用春季阳气上升，对肝脏气机进行调理和保养，强化肝脏的生理机能。

　　同时，春季也是细菌、病毒繁殖滋生的旺季，肝脏具有解毒、排毒的功能，负担最重，而且由于肝气升发，会容易引起旧病复发。

　　春宜养肝。养肝护肝、防治肝病要抓住春天这个时机，从饮食习惯、生活起居和心理健康等多方面入手，方能休养生息、强身健体。

调和心情

　　我们知道，肝气旺盛的人很容易烦躁，动不动就发火、无名紧张等。

　　人们常说"怒伤肝""火大伤肝"、"肝火太旺"，说的就是情绪过度受刺激会使五脏之气平衡协调的关系受到破坏，生气会使人呼吸变得急促，心动过速，血液比往常凝结要快，从而加重肝脏负担。中医学里把肝形象地比作刚强急躁的将军，只有保持心情舒畅，肝气顺达才可舒散心中的郁气，气血运行才会通畅。

　　肝气旺盛时最忌心情抑郁，肝气不畅，轻则使人神经衰弱、内分泌紊乱，重则可致精神失常、高血压、心血管疾病，人体免疫能力降低，加重肝脏损伤。

　　因此，要想强健肝脏，首先要调和心情，学会制怒，要尽力做到心平气和、乐观开朗，使肝气正常生发、顺调。反之，就会伤及肝气，久之，容易导致肝病。特别是慢性肝病患者，易产生急躁、悲观、忧虑等不良情绪，家人应给予更多关心体贴，宽解患者，使患者保持乐观的情绪。

睡眠养肝

睡眠时，肝脏能享受到更多的血液浇灌，加上身体处于休息状态，肝脏的负担最轻，故高品质的睡眠对护肝更有效。相反，睡眠质量差，尤其是有睡眠障碍的，容易累及肝功能。医学研究资料显示，有严重睡眠障碍的人中约32%出现肝功能异常。

要提升睡眠质量，首先要积极治疗睡眠障碍，如失眠等。其次，晚上不要做太过于耗损脑力的工作，也不要熬夜，一些人肝不好，与经常熬夜有着密切的关系。

中医学认为，一天之中有两个时辰是人睡眠最重要的时间，一是午时，也就是上午11点到下午1点，另一个是子时，也就是晚上11点到凌晨1点。这4个小时是骨髓造血的关键时间，流经肝脏的血液最多，有利于肝功能修复。

养生专家建议，要把握好午间与夜间睡眠，尤其是夜间睡眠，最好在晚上10点左右上床，保证11点左右睡熟，为肝功能的修复做好铺垫。

饮食养肝

饮食护肝有两大要点：一是要优选食物，供足养分，满足肝脏的各项生理需求；二是要注意食品卫生，防止细菌、病毒入侵肝脏。

人体需要的蛋白质、脂肪、碳水化合物、维生素以及矿物质等五大类养分，也正是肝脏所必需的。不过，肝脏对蛋白质、碳水化合物以及维生素需求

较多，而脂肪过量有可能引发脂肪肝，因此必须适当限制。为此，建议将以下细节贯穿于每天的食谱中：

奶、蛋、鱼、猪瘦肉、豆制品等食品，每日膳食轮换安排，为肝脏提供足量优质蛋白。

适当食用葡萄糖、蔗糖、蜂蜜、果汁等易于消化的单糖与双糖类食物，以增加肝糖原储备。

酵母含有丰富的B族维生素，不可以冷落。

枸杞能滋补肝肾、养肝明目，或泡茶，或炖汤，或熬粥，都益于养肝。

常吃核桃仁、开心果等坚果，利于疏肝理气、缓解焦虑。

有面色发黄、睡不好觉等肝气不足症候的人，不妨每周吃1次畜禽肝脏，以收到"以肝养肝"的效果。

忌食酒精和一切辛辣及刺激性食品。避免吃油炸及干硬食品。

多喝水。水可增加循环血量，增进肝细胞活力，有利于排除代谢废物而起到护肝之效。

饮食不宜过饱，切忌暴饮暴食。肝脏是人体重要的代谢和解毒器官，尤其是肝病患者，肝细胞新陈代谢和修复时需要高质量的食物提供热量。但营养一定要适量平衡，饮食过量往往造成消化不良，加重肝脏负担。

饮食养生，汤水先行，本篇将为您介绍春季养肝的特效汤，让您在享受美味汤膳的同时，养出好身体。

此汤分量
适合6～8
人饮用。

棉茵陈淮山薏米煲猪䐀

功效：清肝利胆，祛湿健脾

主料介绍：

棉茵陈别名白蒿、绒蒿、松毛艾，为菊科植物茵陈蒿的幼苗，生于山坡、路边，全国各地均有分布。

棉茵陈性微寒，味辛、苦，有显著的消热利湿、清肝利胆、降血压、抗菌、解毒等作用，对湿热黄疸、黄疸型肝炎、胸胁胀痛、胆囊炎、胆石症、高血压、心烦失眠、头晕、目眩、小便不利、风痒疮疥等有明显疗效。《本草正义》里称其"味淡利水，乃治脾、胃二家湿热之专药"。同时，它还具有抗感染的作用，可以作为居家常备药。

材料：

棉茵陈150克，淮山50克，薏米20克，猪䐀500克，猪脊骨800克，蜜枣3颗，红枣4颗，陈皮、姜适量。

做法：

1.将猪䐀洗净，与猪脊骨同置沸水中稍滚沸，焯去血水；其他材料用清水洗净。

2.煲内加入4～6海碗水，水开后将所有材料放入，大火煲开后转文火煲3小时即可。

▶ **大厨提醒**

猪䐀是广东话的说法，为猪腿上的肌肉，煲过汤后肉质依然嫩滑，不会变粗、变硬而难以下咽，因此广东人喜欢买猪䐀煲汤。

煲汤时中途不能打开锅盖，也不能加水，因为正加热的肉类遇冷会收缩，蛋白质不易溶解，汤便失去了原有的鲜香味，影响口感。

此汤分量
适合2～4
人饮用。

花旗参猴头菇煲乳鸽

功效： 补肝肾，益虚损

主料介绍：

　　花旗参是人参的一种，又称广东人参、西洋参。

　　花旗参性寒，味甘、微苦，入肺、脾经，具有补气养阴、泻火除烦、养胃生津之功能，适用于气阴虚而有火之症，多用于肺热燥咳、气短懒言、四肢倦怠、烦躁易怒、热病后伤阴津液亏损等。西医认为，花旗参中的皂甙有效增强中枢神经，达到静心凝神、消除疲劳、增强记忆力等作用。花旗参还可以降低血糖、调节胰岛素分泌、促进糖代谢和脂肪代谢，对治疗糖尿病也有一定的辅助作用。

材料：

　　乳鸽1只（约300克），花旗参30克，猴头菇250克，枸杞10克，姜适量。

做法：

　　1.将乳鸽洗净，切成大块，置沸水中稍滚沸，焯去血水。

　　2.猴头菇用温水浸泡后洗净；其他材料用清水洗净。

　　3.汤煲内加入2～4海碗水，水开后将所有材料放入，大火煲开后转文火煲2小时，再转大火煲15～30分钟即可。

▶ 营养小提示

　　服用花旗参后不宜喝茶及吃萝卜，因为茶叶中含有大量的鞣酸，会破坏花旗参中的有效成分，而萝卜则有消药的功效，会化解花旗参的药性。应在服用花旗参2～3日后再喝茶或吃萝卜。

此汤分量适合6～8人饮用。

三七花玉竹炖鲜台鲍

功效： 补血，护肝，抗癌

主料介绍：

三七花又称田七花，是三七全株中三七皂甙含量最高的部分，质脆易碎，气微。

三七花味甘，性凉，入肝、胃、大肠经，有降血脂、降血压、抗癌、提高心肌供氧能力、增强机体免疫力的功能。可泡茶、炒肉、煲汤等。

《本草纲目拾遗》说："人参补气第一，三七补血第一，为中药之最珍贵者。"

材料：

三七花100克，玉竹50克，鲜台鲍400克，猪瘦肉200克，鸡爪8只，桂圆、陈皮、南杏仁、姜适量。

做法：

1.将鲜台鲍洗净，连同猪瘦肉、鸡爪置沸水中稍滚沸，焯去血水；其他材料用清水洗净。

2.将所有材料放入炖盅，加入4海碗水，以保鲜膜封住，隔水炖4小时即可。

▶ 营养小提示

女性月经期间、风寒感冒期间及怀孕期间，尽量不要食用三七花，因为三七花药性偏凉，会加重虚寒之症，但孕妇产后用三七花煲汤，补血效果非常好。

此汤分量
适合4~6
人饮用。

虫草花花胶炖乌鸡

功效：滋补肝肾，润肺养气

主料介绍：

　　虫草花并非花，它是人工培养的虫草子实体，培养基是仿造天然虫子所含的各种养分，包括谷物类、豆类、蛋奶类等，属于一种真菌类。虫草花与常见的香菇、平菇等食用菌很相似，只是菌种、生长环境和生长条件不同。为了跟冬虫夏草区别开来，商家为它起了一个美丽的名字，叫做"虫草花"。虫草花外观上最大的特点是没有了"虫体"，而只有橙色或者黄色的"草"。

　　虫草花性质平和，不寒不燥，有益肝肾、补精髓、止血化痰的功效，主要用于治疗眩晕耳鸣、健忘不寐、腰膝酸软、阳痿早泄、久咳虚喘等症。

　　虫草花含有丰富的蛋白质、氨基酸以及虫草素、甘露醇、SOD、多糖类等成分，能够综合调理人机体内环境，增强体内巨噬细胞的功能，对增强人体免疫功能、提高人体抗病能力有一定的作用。

材料：

　　虫草花50克，花胶100克，乌鸡半只（约350克），猪瘦肉200克，桂圆、陈皮、姜适量。

做法：

　　1.将乌鸡宰净切成大块，连同猪瘦肉置沸水中稍滚沸，焯去血水。

　　2.将虫草花、花胶用清水洗净。

　　3.除花胶外所有材料放入炖盅，加入6海碗水，以保鲜膜封住，隔水炖3小时后，加入花胶，再炖1小时即可。

▶ 大厨提醒

　　泡洗虫草花的水呈淡褐色，或经炖煮后汤和肉也会呈现出与虫草花一致而清澈的颜色，这是正常的现象。值得提醒的是，品质优良的虫草花具有独特的香味，做菜或做汤味道都非常鲜美；如果水洗时脱色，有异味，吃时口感变差，这种可能是染色虫草花。

此汤分量
适合2～4
人饮用。

三七花淡菜煲鸡腿

功效：补肝肾，益精血

主料介绍：

淡菜是贻贝的干制品，又名壳菜。

淡菜味咸，性温，入脾、肾经，有补肝肾、益精血、助肾阳、消瘿瘤、调经血、降血压之功效，以淡菜煲汤，连续服用可治肝肾阴虚所引起的头晕及盗汗等症。

淡菜的营养价值很高，蛋白质含量高达59%，其中含有8种人体必需的氨基酸，脂肪含量为7%，且大多是不饱和脂肪酸。淡菜还含有丰富的钙、磷、铁、锌和B族维生素，能促进新陈代谢，提供大脑和身体活动的营养，所以有人称淡菜为"海中鸡蛋"。

材料：

三七花50克，鸡腿3只（约400克），淡菜50克，胡萝卜150克，姜适量。

做法：

1.将鸡腿洗净，置沸水中稍滚沸，焯去血水。

2.将胡萝卜去皮洗净，切块；淡菜及三七花用清水洗净。

3.汤煲内加入2~4海碗水，水开后将所有材料放入，大火煲开后转文火煲3小时即可。

▶ **大厨提醒**

优质淡菜的特征是：形体扁圆，中间有条缝，外皮生小毛，色泽黑黄。选购淡菜时，以体大肉肥、色泽棕红、富有光泽、大小均匀、质地干燥、口味鲜淡，没有破碎和杂质的为上品。

此汤分量适合4～6人饮用。

麦冬猴头菇炖鸡

功效： 养肝益气，健脾益胃

主料介绍：

　　猴头菇是一种药食兼用菌，为长于柞树干上的蘑菇。初生时呈乳白色，渐转微黄，采集干燥后变为黄褐色，因形状酷似猴子脑袋，故称猴头菇。

　　猴头菇是中国传统的名贵菜肴，肉嫩、味香，鲜美可口。它与熊掌、海参、鱼翅并称"四大名菜"，并有"山珍猴头、海味燕窝"的说法。

　　猴头菇性平，味甘，有利五脏、助消化、滋补、抗癌、治疗神经衰弱的功效。国内已广泛地将它应用于治疗消化不良、胃溃疡、十二指肠溃疡、神经衰弱等疾病。

材料：

　　老土鸡500克，麦冬15克，猴头菇100克，猪瘦肉200克，红枣、姜适量。

做法：

　　1.将老土鸡洗净去内脏，与猪瘦肉一同置沸水中稍滚沸，焯去血水。

　　2.将猴头菇用温水浸泡；其他材料洗净。

　　3.将所有材料放入炖盅，加入3海碗水，以保鲜膜封住，隔水炖4小时即可。

▶ 大厨提醒

　　麦冬猴头菇炖鸡汤味道清甜鲜美，具有养肝益气、益胃健脾的功效。猴头菇要充分泡发，煲汤时可加一点料酒，以中和猴头菇本身的苦味；猴头菇只有炖得软烂如豆腐时，其营养成分才能完全析出。

此汤分量适合4～6人饮用。

牛大力枸杞煲蹄筋

功效：补肝肾，强筋骨

主料介绍：

　　牛大力，又名猪脚笠、山莲藕、金钟根、倒吊金钟、大力薯，为豆科崖豆藤属植物美丽崖豆藤，以根入药，是著名的南药之一。

　　牛大力味甘，性平，具有平肝、润肺、养肾补虚、强筋活络之功效，主治肾虚、气虚、腰酸腿痛、风湿病、慢性肝炎、支气管炎、咳嗽、肺结核等，对肾虚、血气不旺、风湿骨痛、经常咳嗽等有很好的疗效。适用于患有急慢性支气管炎等人士以及吸烟者。

材料：

　　蹄筋200克，猪肉200克，鸡肉600克，

牛大力30克，枸杞10克，姜适量。

做法：

　　1.将牛大力、枸杞洗净；蹄筋泡发，切件。

　　2.将猪肉、鸡肉洗净切大块，放入沸水中，焯去血水。

　　3.汤煲内加入4～6海碗水，水开后将所有材料放入，大火煲开后转文火煲3.5小时即可。

▶ 大厨提醒

　　牛大力近皮部分有效成分含量高，因此煮时用刀背轻轻将皮刮掉即可。如果觉得灰味太重，可以先用水浸透，以去除灰味。

THE FIRST SOUP

此汤分量适合3~5人饮用。

此汤分量适合3~5人饮用。

天麻红枣炖鹧鸪

功效：平肝息风，养血安神

主料介绍：

　　天麻，兰科寄生草本植物天麻的块茎。天麻味甘，性平，能平抑肝阳、息风止痉、祛风止痛，适用于眩晕、头痛、癫痫、惊厥抽搐、风湿痹痛，以及中风后遗症、肢体麻木、手足不遂。

材料：

　　鹧鸪1只，猪瘦肉400克，天麻100克，红枣50克，姜适量。

做法：

　　1.将天麻、红枣洗净。

　　2.将鹧鸪洗净斩件，与猪瘦肉一同放入沸水中，焯去血水。

　　3.将所有材料放入炖盅，加入3海碗水，以保鲜膜封住，隔水炖3小时即可。

▶ **大厨提醒**

　　购买天麻时需要注意辨别真假，有些假天麻食用后会加重病情。"鹦哥嘴，凹肚脐，外有环点干姜皮，松香断面要牢记"，这是鉴别天麻真假的口诀，有无松香断面是判断天麻真伪的重要依据。

此汤分量
适合3～5
人饮用。

黄精江珧柱炖海刺龟

功效：滋阴补肾，养肝护胃

主料介绍：

海刺龟其实是潜在海底的像刺猬的一种鱼，由于身上长满了硬刺，其坚硬度堪比铁针而得名。在大海中惟一能杀死鲨鱼的，正是这其貌不扬的"海中刺猬"——海刺龟。海刺龟晒干后，用人工将刺一根根拔下来，然后泡制、水浸、去沙、切件，制成药材。

海刺龟具有滋阴补肾、防治夜尿和糖尿病、止咳防哮喘、提高人体血液循环等功效，对养肝护胃，尤其是对修复胃溃疡有显著疗效。

材料：

黄精10克，江珧柱4粒（约15克），海刺龟半只（约200克），猪瘦肉750克，鸡爪4只，陈皮、桂圆、火腿、姜适量。

做法：

1.将海刺龟用温水泡开，洗净去沙。

2.将黄精、江珧柱洗净。

3.将猪瘦肉、鸡爪置沸水中稍滚沸，焯去血水。

4.将所有材料放入炖盅，加入4海碗水，以保鲜膜封住，隔水炖4小时即可。

▶ **大厨提醒**

海刺龟配以黄精、江珧柱煲汤，散发出淡淡的海鲜味，滋味甘甜、香滑而鲜美，同时富含鱼胶，是不可多得的营养佳品。

THE FIRST SOUP 此汤分量适合4~6人饮用。

绿茸真菌炖水鸭

功效：补肝血，防三高

主料介绍：

绿茸真菌是生长在青藏高原森林中的柳树上的一种食用菌，是一种珍稀的天然保健食品，其风味独特，入膳味道鲜美。

绿茸真菌营养全面，富含多种维生素、氨基酸，具有保护血管，预防高血压、心血管疾病、糖尿病、痔疮等功效。经常食用，能强身健体、延年益寿，尤其适宜中老年人食用。

材料：

绿茸真菌30克，水鸭1只（约500克），猪瘦肉250克，鸡爪4只，陈皮、姜适量。

做法：

1.将水鸭宰杀洗净，斩成大块，连同猪瘦肉、鸡爪置沸水中稍滚沸，焯去血水；其他材料用清水洗净。

2.将所有材料放入炖盅，加入4海碗水，以保鲜膜封住，隔水炖4小时即可。

▶ **大厨提醒**

水鸭有消肿、解毒的功效，食用可以强身健体，对病后虚弱、食欲不佳者均有很好的食疗功效。买水鸭时，选用野生水鸭，其粗纤维含量比饲养鸭的高，肉质较好，口感特别柔韧鲜嫩。宰杀时，注意去除鸭子的肥脂及屁股，那样煲出来的汤更鲜美，不会有腥膻味。

THE FIRST SOUP

此汤分量适合2～4人饮用。

鹿叶参杏仁炖猪瘦肉

功效：护肝清肺，止咳化痰

主料介绍：

鹿叶参又称石参，其学名为猫尾草，又称猫尾射、布狗尾，为蝶形花科植物。"北有人参，南有鹿叶参"，可见鹿叶参之价值。

鹿叶参含有黄酮甙、糖类、酵素和维生素等营养物质。其性温，味甘，具有助脾运化的功效，能凉血止血、清热化痰，并具有驱虫作用。主治小儿疳积、小儿发育不良、脾结不开、咯血吐血、尿血便血、感冒咳嗽、胸部压闷、疟疾忽寒忽热、血丝虫病等。

用鹿叶参作汤料，汤味独特，甘醇清香，令人食后回味无穷，常饮可治劳累过度、腰腿酸痛等。

材料：

鹿叶参50克，猪瘦肉750克，鸡爪4只，杏仁、桂圆、陈皮、姜适量。

做法：

1.将鹿叶参及杏仁用清水洗净。

2.将猪瘦肉及鸡爪洗净，置沸水中焯去血水。

3.将所有材料放入炖盅，加入3海碗水，以保鲜膜封住，隔水炖3小时即可。

▶ 营养小提示

杏仁滋润止咳，鹿叶参清肺护肝，两者炖猪瘦肉味道甘润清香，对因春季空气潮湿引起的咳嗽有良好的防治作用。

此汤分量
适合4～6
人饮用。

千斤拔狗脊煲猪尾

功效：温养肝肾，祛风除湿

主料介绍：

千斤拔，异名土黄鸡、金鸡落地、老鼠尾、透地龙、吊马桩、千斤吊、钉根藜等，为豆科植物蔓性千斤拔的根，质坚韧，不易折断，断面皮部呈棕红色，显纤维性；木部宽广，淡黄白色，可见细微放射状纹理及年轮。

千斤拔味甘辛，性温，有祛风利湿、消瘀解毒的功效，主治风湿痹痛、慢性肾炎、痈肿、喉蛾，还能壮筋骨、去瘀积、理跌打伤，能舒筋活络。

材料：

千斤拔100克，狗脊50克，猪尾400克，猪瘦肉200克，鸡爪6只，蜜枣3粒，陈皮、姜适量。

做法：

1.将千斤拔、狗脊洗净。

2.将猪尾去毛切段，与猪瘦肉、鸡爪一同放入沸水中，焯去血水。

3.汤煲内加入4～6海碗水，水开后将所有材料放入，大火煲开后转文火煲3小时即可。

> ▶ **营养小提示**
>
> 狗脊性温，味苦，能补肝肾、强筋骨、祛风湿；猪尾性平，味甘，有健腰脊的功用。因此，此汤有祛风湿、健腰骨的功效，是一道养生佳品，尤其适合老年人饮用。

此汤分量
适合2～4
人饮用。

何首乌蜜枣炖兔肉

功效： 滋阴养颜，补益肝肾

主料介绍：

何首乌是妇孺皆知的名贵药材，具有乌发美发的功效，故而得名。古人又称何首乌为地精，认为它是土地的精灵，对人体有很好的滋补作用。

何首乌性微温，味苦、甘，入肝、肾经。何首乌有明显的补肝肾、益精血、强筋骨、乌发、安神、止汗等功效。人们常在春季采摘其嫩茎叶炒食，秋季采其块茎，洗净煮粥，具有极好的保健作用。

《开宝本草》中记载，何首乌能"益气血，黑髭鬓，悦颜色，久服长筋骨，益精髓，延年不老"。

材料：

鲜兔肉400克，鸡肉200克，猪瘦肉100克，鸡爪4只，何首乌50克，蜜枣30克，姜适量。

做法：

1.将兔肉洗净，切成小块，置沸水中稍滚沸，焯去血水。

2.将何首乌、蜜枣用清水洗净。

3.将所有材料放入炖盅，加入3海碗水，以保鲜膜封住，隔水炖3小时即可。

> ▶ **营养小提示**
>
> 何首乌配以补益脾胃、滋养阴血、养心安神的蜜枣，加上补中益气、滋阴养颜、生津止渴的兔肉，有很好的补气养血、养肝补肾作用。

此汤分量适合3～5人饮用。

冬虫夏草炖海螺肉

功效: 清热化痰,益肝补肾

主料介绍:

冬虫夏草是麦角菌科真菌冬虫夏草寄生在蝙蝠蛾科昆虫幼虫上的子座及幼虫尸体的复合体,是一种名贵的传统滋补中药材。

冬虫夏草味甘,性温平,无毒,是著名的滋补强壮药,常用肉类炖食,有补虚健体之效,适用于治疗肺气虚和肺肾两虚及肺结核等所致的咯血或痰中带血、咳嗽,对气短、盗汗、肾虚阳痿、腰膝酸疼等亦有良好的疗效,还可用于久咳虚喘、产后虚弱、阳痿阴冷等症。

冬虫夏草营养丰富,含虫草酸、维生素B_{12}、脂肪、蛋白质等营养成分。

材料:

冬虫夏草10克,海螺肉250克,排骨500克,蜜枣3粒,姜适量。

做法:

1.将海螺肉处理干净,切厚片;排骨斩成块。

2.将海螺肉、排骨置沸水中,焯去腥味及血渍。

3.将所有材料放入炖盅,加入3海碗水,以保鲜膜封住,隔水炖4小时即可。

▶ 大厨提醒

要取出海螺肉,需先用清水浸泡干海螺,洗去泥沙,然后放入开水中稍烫,捞出控去水分,再用钩子把海螺肉拉出来,最后洗净即可。

此汤分量适合6～8人饮用。

桂圆菊花煲乳鸽

功效：平肝阳，补心脾

材料：

桂圆10克，菊花15克，乳鸽1只（约300克），猪瘦肉200克，姜适量。

做法：

1.将桂圆、菊花、姜洗净。

2.将猪瘦肉洗净，乳鸽宰净，一同放入沸水中稍滚沸，焯去血水。

3.汤煲内加入6～8海碗水，水开后将所有材料放入，大火煲开后转文火煲1.5小时，再转大火煲20～30分钟即可。

▶ 营养小提示

菊花不仅有观赏价值，而且药食兼优，有良好的保健功效，能消脂减压，适用于阴虚阳亢型高血压，但痰湿型、血瘀型高血压患者不宜。

此汤分量适合2～4人饮用。

独脚金煲猪胰

功效：清肝明目，健脾养胃

材料：

独脚金30克，猪胰1条（约300克），猪瘦肉300克，蜜枣3粒。

做法：

1.将独脚金洗净，用清水浸泡20分钟。

2.将猪胰洗净，与猪瘦肉一同置沸水中稍滚沸，焯去血水；猪胰用小刀刮去表面油脂，再切成小段。

3.煲内加入2～4海碗水，水开后将所有材料放入，大火煲开后转文火煲2小时，再转大火煲20～40分钟即可。

▶ **营养小提示**

独脚金煲猪胰气味甘润，具有清肝明目、消积健脾、利水明目的功效，对儿童腹泻、疳积、脾虚肝热均有良好的食疗作用。

此汤分量适合4～6人饮用。

五指毛桃江珧柱煲翅群

功效：滋阴补肾，清肝润肺

材料：

五指毛桃100克，翅群50克，猪脊骨500克，猪瘦肉300克，鸡爪6只，红枣20克，江珧柱20克，姜适量。

做法：

1.将五指毛桃洗干净，置清水中浸泡15分钟；翅群洗净，略微浸泡。

2.将猪脊骨、猪瘦肉、鸡爪洗净，一同置沸水中稍滚沸，焯去血水；其他材料洗净。

3.砂煲内加入6～8海碗水，水开后将所有材料放入，大火煲开后转文火煲1.5小时，再转大火煲15～30分钟即可。

此汤分量适合6～8人饮用。

荔枝干莲子淮山煲乳鸽

功效： 理气补血，补脾益肝

材料：

荔枝干20个，淮山50克，莲子20克，乳鸽1只（约300克），猪瘦肉200克，猪脊骨400克，蜜枣3粒，陈皮、姜适量。

做法：

1.将乳鸽宰净，连同猪瘦肉、猪脊骨置沸水中稍滚沸，焯去血水；其他材料洗净。

2.汤煲内加入6～8海碗水，水开后将所有材料放入，大火煲开后转文火煲1.5小时，再转大火煲30～45分钟即可。

此汤分量适合6～8人饮用。

五指毛桃蜜枣煲猪脊骨

功效： 清肝润肺，益气祛湿

材料：

五指毛桃100克，猪脊骨500克，扇骨500克，猪瘦肉300克，无花果5粒，蜜枣3粒，桂圆、陈皮、姜适量。

做法：

1.将扇骨斩大件，与猪脊骨、猪瘦肉一同置沸水中稍滚沸，焯去血水；其他材料洗净。

2.汤煲内加入6～8海碗水，水开后将所有材料放入，大火煲开后转文火煲1.5小时，再转大火煲15～30分钟即可。

▶ 大厨提醒

自古以来，客家人就有采挖五指毛桃根，用其煲鸡汤、煲猪骨汤、煲猪脚汤保健的习惯。用五指毛桃煲汤，味道鲜美、气味芳香、营养丰富，具有很好的保健作用，特别是对支气管炎、气虚、食欲不佳、贫血、胃痛、慢性胃炎及产后少乳等病症有一定的疗效。

此汤分量适合4~6人饮用。

山楂草决明煲猪瘦肉

功效：健脾清肝，消积减肥

材料：

山楂50克，草决明20克，猪瘦肉300克，猪脊骨400克，蜜枣4粒，陈皮、姜适量。

做法：

1.将猪瘦肉、猪脊骨置沸水中稍滚沸，焯去血水；其他材料洗净。

2.汤煲内加入6~8海碗水，水开后将所有材料放入，大火煲开后转文火煲2小时即可。

▶ **营养小提示**

中医认为，山楂只消不补，脾胃虚弱者不宜多食。山楂片含有大量糖分，长期大量食用会导致营养不良、贫血等。糖尿病患者不宜食用山楂片，可适当食用山楂鲜果。

此汤分量
适合6~8
人饮用。

鹿茸阿胶炖甲鱼

功效：补肝益肾，滋阴养颜

主料介绍：

甲鱼又称鳖、团鱼，南方一些地方称为潭鱼、嘉鱼。其头像龟，但背甲没有乌龟般的条纹，边缘呈柔软状裙边，颜色墨绿。

甲鱼肉性平，味甘，归肝经，具有滋阴凉血、补益调中、补肾健骨、散结消痞等作用，可防治身虚体弱、肝脾肿大、肺结核等症。

西医认为，甲鱼肉及其提取物能有效地预防和抑制肝癌、胃癌、急性淋巴性白血病，并能防治因放疗与化疗引起的虚弱、贫血、白细胞减少等症。甲鱼还有较好的净血作用，适量常食可降低血胆固醇，因而对高血压、冠心病患者有益。

材料：

鹿茸10克，阿胶1块，甲鱼1只（约400克），猪脊骨200克，猪腜200克，鸡肉100克，鸡爪6只，姜适量。

做法：

1.将甲鱼宰杀放血后，用烧滚的水烫一下，捞起刮去颈、爪、裙边上的粗皮，用刀顺着裙边将其划穿，除去内脏，漂洗干净。

2.将甲鱼爪尖斩去，与猪脊骨、猪腜、鸡肉、鸡爪一同置沸水中稍滚沸，焯去血水。

3.将所有材料放入炖盅，加入4海碗水，以保鲜膜封住，隔水炖4小时即可。

▶ 大厨提醒

死甲鱼、变质的甲鱼不能吃；煎煮过的鳖甲没有药用价值；生甲鱼血和胆汁配酒会使饮用者中毒或患严重贫血症。

甲鱼肉的腥味较难除掉，光靠洗或加葱、姜、酒等调料，都不能达到令人满意的效果。在宰杀甲鱼时，从甲鱼的内脏中捡出胆囊，取出胆汁，待甲鱼洗净后，将甲鱼胆汁加些水，涂抹于甲鱼全身。稍待片刻，用清水漂洗干净，可去腥味。甲鱼胆汁不苦，不用担心其会使甲鱼肉变苦。

此汤分量适合4～6人饮用。

五味子女贞子炖海参

功效： 消疲益气，滋补肝肾

主料介绍：

　　女贞子味甘、苦，性凉，富含齐墩果酸、甘露醇、葡萄糖、棕榈酸、甘油酸等成分，能补养肝肾、明目，能增强免疫功能，升高外周白细胞，增强网状内皮系统吞噬能力，增强细胞免疫和体液免疫功能。同时，还具有强心、利尿及保肝、止咳、缓泻、抗菌、抗癌等作用。

　　女贞子适用于肝肾阴虚、头昏目眩、遗精耳鸣、腰膝酸软、须发早白、老年人大便虚秘、冠心病、高脂血症、高血压、慢性肝炎等症的治疗。

材料：

　　五味子、女贞子、桂圆各10克，海参200克，猪瘦肉300克，红枣、姜适量。

做法：

　　1.将海参用温开水浸泡发透；猪瘦肉置沸水中稍滚沸，焯去血水；其他材料洗净。

　　2.将所有材料放入炖盅，加入3海碗水，以保鲜膜封住，隔水炖3.5小时即可。

▶ 营养小提示

　　五味子女贞子炖海参有消疲益气、补肾益精、养血润脏的功效，同时亦能辅助治疗大便干结、头晕目眩等症。

第二篇
补 阳

　　冬去春来，春阳升发，万物苏醒，欣欣向荣。人体也是如此，阳气升发，故适时补阳，使其不断充沛，才能健壮体魄。

春阳升发，补阳好时节

当春回大地时，冰雪消融，万象更新，自然界阳气升发，万物复苏。此时，人体阳气也顺应自然，向上向外疏发。

中医认为，"阳气者，卫外而为"，即指阳气对人体起着保卫作用，可使人体坚固，免受自然界邪气的侵袭。《黄帝内经》里解释说：所谓阳气，就像天上的太阳，给大自然以光明和温暖，如果失去了它，万物便不得生存。人若没有阳气，体内就会失去新陈代谢的活力，不能供给能量和热量，这样，生命就要停止。由此可见，阳气对人体生命活动是多么重要。

养生，必须顺应不同节气的特点，注意保护体内的阳气，使其不断充沛，逐渐旺盛，凡有耗伤阳气及阻碍阳气的情况皆应避免。这个养生原则应贯穿到四季饮食滋补保健以及日常生活起居中。

运动补阳

春天，万木吐翠，空气清新，是锻炼身体的黄金季节，抓住这个时机外出运动，是补阳的好方法。

清晨散步，多参加户外活动，尽情地吸收大自然的气息，活动肢体，可使心情舒畅，以助肝气生发，使生命之气吐故纳新，焕发生机。

适合在春季开展的户外活动，有做操、散步、踏青、打球、打太极拳、放风筝等，每天运动1次，每次持续20~30分钟，以运动后疲劳感于10~20分钟内消失为宜。锻炼能促进身体血液循环，使心情舒畅，有利于气血流通顺畅，促进身体健康。

辨证补阳

春季补阳要得法。首先，应根据乍暖还寒，人体阳气上升的特点，以升补、柔补、平补为原则，根据自身虚弱情况，辨证选用助正气或补元气的滋补品。其次，应把药补与食补结合起来补中益气。同时，还应多吃些新鲜果蔬、冬菇、鸡肝、鲫鱼等富含维生素的食物，以满足人体维生素的需求。

一般来说，体虚的人才需要进补，并非所有人都要刻意补阳，阳虚或阴阳两虚之人才要着重补阳。

阳虚主要的症状表现为畏寒肢冷、尿清便溏、白带清稀、阳痿早泄等。对于阳虚证，适宜选用的补阳药或补阳食品制作的药膳，每日少量，长期进补，会起到较好的效果。常见的补阳药物有附子、鹿茸、海马、海狗肾、鹿鞭、狗鞭、蛤蚧、巴戟、肉桂、冬虫夏草、九香虫、杜仲、续断、狗脊、骨碎补、补骨脂、肉苁蓉、锁阳、淫羊藿、菟丝子、枸杞、韭菜等。常见的补阳食品有麻雀肉、狗肉、羊肉、虾、螃蟹，以及动物的肾、骨髓、蹄筋等。

饮食补阳

在饮食方面，顺应"春夏补阳"的养生原则，适宜多吃温补阳气的食物，以使人体阳气充实，增强人体抵御风邪侵袭的能力。如多吃性温的韭菜、葱、蒜、生姜、黄豆、蚕豆、胡萝卜、油菜、菠菜、香菜、牛肉、羊肉、狗肉、鸡肉、虾肉等，既能补充人体阳气，又能增强肝脏和脾胃的功能。

由于肾阳为人体阳气之根本，所以在饮食上养阳，还应包括温养肾阳。春天人体阳气充实于体表，体内阳气就显得不足，所以在饮食上应多吃点培补肾阳的东西。除了枸杞、板栗、冬虫夏草、海参等是养阳的佳品外，蓼、蒿等野菜也可以适当多补充。

春季，适宜多吃"三黑"食物，不仅能益气补阳，还有助于提高免疫力，为预防疾病打好基础。一是黑米。黑米有开胃益中、健脾暖肝、补精明目、舒筋活血之功效。二是黑芝麻。黑芝麻富含铁质、维生素E，能改善贫血、延缓细胞衰老，有补肾养血、乌发之功效。三是紫菜。紫菜富含碘、钙、褐藻胶、甘露醇、B族维生素、粗纤维等成分，有助于降低胆固醇、软化血管、预防碘缺乏。

春季还应多喝香气浓郁的花茶，有助于散发冬天积聚在体内的寒邪，促进人体阳气生发、郁滞疏散。

另外，巧用汤膳，能使饮食养生起到事半功倍的效果。本篇将为您奉上补阳的汤品，让您轻轻松松地补益肾阳。

THE FIRST SOUP 此汤分量适合4～6人饮用。

海龙海马煲乌龟

功效：补肾壮阳，镇静安神

主料介绍:

海马，属鱼纲海龙科，又名龙落子，是珍贵药材，有"北方人参，南方海马"之说。

海马味甘、咸，性温，具有强身健体、补肾壮阳、舒筋活络、消炎止痛、镇静安神、止咳平喘等药用功能，对神经系统的疾病有显著疗效。适用于肾虚阳痿、精少、宫寒不孕、腰膝酸软、尿频、肾气虚、喘息气短、跌打损伤、血瘀作痛等症。自古以来，海马就因它的食疗功效而备受人们青睐，男士们更是对它情有独钟。

材料:

海龙8条，海马8条，乌龟1只（约700克），猪瘦肉200克，老鸡500克，鸡爪6只，红枣10克，江珧柱20克，桂圆10克，枸杞5克，姜适量。

做法:

1.将乌龟宰杀斩件，与老鸡、鸡爪一同放入沸水中，焯去血水；其他材料洗净。

2.砂煲内加入3～5海碗水，水开后将所有材料放入，大火煲开后转文火煲3小时即可。

▶ **大厨提醒**

宰杀乌龟前，先用清水喂养2～3天，每天换一次水，让其吐出腹中污物。烹制前，将乌龟放入盆中，加入热水，使之排干净尿，然后宰杀洗净，去内脏、头、爪。龟肉斩块，龟甲留用。也可将乌龟仰放在案板上，让其头自然伸出，用刀斩断乌龟头，放尽血，放入约80℃的水中浸泡10分钟，用刀刮去龟腹和背上的黑色皮膜，洗净。将龟体侧拿在一手中，另一手用刀背沿龟甲边沿处敲打至上下齿松动，揭下龟板，剖开肚壳，去掉内脏和脚爪，洗净即可。

THE FIRST SOUP　此汤分量适合4~6人饮用。

此汤分量
适合4~6
人饮用。

黄芪黑豆煲猪腰

功效：滋阴壮阳，明目健脾

主料介绍：

黑豆，有"豆中之王"的美称，为豆科植物大豆的黑色种子。

黑豆性平，味甘，归脾、肾经，具有消肿下气、润肺祛燥、活血利水、祛风除痹、补血安神、明目健脾、补肾益阴、解毒的作用，用于水肿胀满、风毒脚气、黄疸水肿、风痹痉挛、产后风疼、口噤、痈肿疮毒等症，还可解药毒、制风热而止盗汗、乌发黑发以及延年益寿。

黑豆营养全面，含有丰富的蛋白质、维生素、矿物质，其微量元素如锌、铜、镁、钼、硒、氟的含量都很高，而这些微量元素对延缓人体衰老、降低血液黏稠度等非常重要；黑豆皮为黑色，含有花青素，花青素是很好的抗氧化剂来源，能清除体内自由基，尤其是在胃的酸性环境下，抗氧化效果更好，能养颜美容，增加肠胃蠕动。

材料：

猪腰400克，猪瘦肉400克，黄芪20克，黑豆150克，桂圆、党参、姜适量。

做法：

1. 将黄芪、桂圆、党参、黑豆洗净。
2. 将猪腰去肥脂，用粗盐搓一遍，洗净，与猪瘦肉一同放入沸水中焯去血水。
3. 汤煲内加入4～6海碗水，水开后将所有材料放入，大火煲开后转文火煲2小时即可。

▶ 大厨提醒

巧除猪腰腥味：先顺着猪腰有白色经络的地方切下去，将其纵向切成两半；再去除全部白色经络，并且尽量保持猪腰完整。经络不能食用，要扔掉。在小碗里倒入白酒，并用手反复捏洗猪腰，使酒能够迅速渗透到猪腰里面。

特别提示：清洗一只猪腰，一般要用一两白酒。

此汤分量适合4～6人饮用。

黄精江珧柱炖响螺

功效：滋肾填精，补脾润肺

主料介绍：

　　江珧柱，又称珧柱、马甲柱、玉珧柱、蜜丁等，是多种贝类闭壳肌干制品的总称。因其味道特别鲜美，素有"海鲜极品"的美誉，而且被列为"海八珍"之一。以粒形饱胀圆满，色泽浅黄，手感干燥而有香气，以及嫩糯鲜香，略具回甘为佳。

　　江珧柱性平，味咸，有滋阴补血、益气健脾的功效，主治腹中宿食、烦渴、阴虚劳损等症。其含有丰富蛋白质和少量碘质，用来做菜、做汤，味道都非常鲜美。

材料：

　　黄精20克，江珧柱10克，猪瘦肉750克，鲜响螺肉4个，鸡爪4只，桂圆、火腿、陈皮、姜适量。

做法：

　　1.将黄精、江珧柱、桂圆、陈皮、姜洗净。

　　2.将鲜响螺肉、猪瘦肉、鸡爪置沸水中稍滚沸，焯去血水。

　　3.将所有材料放入炖盅，加入4海碗水，以保鲜膜封住，隔水炖4小时即可。

▶ 大厨提醒

　　响螺肉质肥美，味似鲍鱼，用其煲汤、炖汤，味道特别鲜甜。此汤有清热解渴、滋阴补肾等功效。

此汤分量适合6～8人饮用。

花旗参石斛花胶炖老鸡

功效： 滋阴补气，明目益精

主料介绍：

　　花胶即鱼肚，是各类鱼鳔的干制品。中国人从鱼中剖摘鱼肚食用的历史，可追溯至汉朝之前。在一千六百多年前的《齐民要术》中就有鱼肚的记载了。花胶以富含胶质而著名，素有"海洋人参"之誉。花胶与燕窝、鱼翅齐名，是"八珍"之一。

　　花胶含有胶原蛋白和维生素及钙、锌、铁、硒等营养成分。其蛋白质含量高达84.2%，脂肪仅为0.2%，是理想的高蛋白低脂肪食品，有活血、补血、止血、御寒祛湿、滋阴助阳、固肾培精的功效，可助人体迅速消除疲劳，对外科手术病人伤口康复有所帮助。

材料：

　　花旗参片30克，石斛20克，花胶1只，老鸡500克，猪瘦肉500克，鸡爪4只，桂圆、火腿、姜适量。

做法：

　　1.将花胶浸泡好，洗净。

　　2.将老鸡、猪瘦肉、鸡爪置沸水中稍滚沸，焯去血水；其他材料用清水洗净。

　　3.除花胶外，将所有材料放入炖盅，加入4海碗水，以保鲜膜封住，隔水炖3小时，放入花胶再炖1小时即可。

> ▶ **大厨提醒**
>
> 　　假如花胶干品已经切成片状或条状，直接用冷水浸泡一晚上，洗干净后就可以烹制；假如花胶是整只的，则用冷水浸泡1晚，第二天换水，放入锅里加热，水开立刻关火焖2小时，然后拿出来用冷水冲洗，再切片或切条，才可以烹制。

THE FIRST SOUP 此汤分量适合6~8人饮用。

冬虫夏草海马炖鲜鲍

功效：壮阳益肾，养肝明目

主料介绍：

鲍鱼是一种原始的海洋贝类单壳软体动物，只有半面外壳，壳坚厚，扁而宽。鲍鱼是中国传统的名贵食材，为四大海味之首。

鲍鱼补而不燥，能养肝明目。欧洲人誉之为"餐桌上的软黄金"。中医称鲍鱼可平肝潜阳、解热明目、止渴通淋，主治肝热上逆、头晕目眩、骨蒸劳热、青盲内障、高血压眼底出血等症。

大连鲍鱼是中国大连的特产，是鲍科中的优质品种，素称"海味之冠"，其肉质细嫩，鲜而不腻，营养丰富。

材料：

冬虫夏草5条，海马5只，大连鲍5只，老鸡500克，猪脊骨500克，猪䐱200克，鸡爪6只。

做法：

1.将老鸡、猪脊骨、猪䐱、鸡爪洗净置沸水中稍滚沸，焯去血水。

2.将海马、大连鲍、冬虫夏草分别洗净。

3.将所有材料放入炖盅内，加入4海碗水，以保鲜膜封住，隔水炖4小时即可。

▶ 大厨提醒

新鲜鲍鱼即为活鲍鱼。清洗鲜鲍鱼时，用刷子刷洗其壳后，将鲍鱼肉整块挖出，切去中间与周围的坚硬组织，以粗盐将附着的黏液清洗干净。

此汤分量
适合4～6
人饮用。

金樱子党参煲生鱼

功效：补阳益气，补肾固精

主料介绍：

　　金樱子，又称刺榆子、刺梨子、金罂子、山石榴、糖莺子、棠球、糖果。我国华中、华南、华东及四川与贵州等地均有分布。秋季果实成熟时采收，晒干，除去毛刺备用；或用鲜品。

　　金樱子味甘、微酸、涩，性平，能固精缩尿、涩肠止泻。果实具有补肾固精、固肾补虚、止泻的功能，主治高血压、神经衰弱、久咳等症。金樱子叶能解毒消肿，外用能治淤疖、烧烫伤、外伤出血等症。金樱子根具有活血散淤、祛风除湿等功能。

材料：

　　金樱子100克，党参50克，红枣3颗，生鱼500克，猪瘦肉200克，猪脊骨400克，蜜枣3粒，陈皮、姜适量。

做法：

　　1.将生鱼去鳞宰净，慢火煎至两面金黄色。

　　2.将猪瘦肉、猪脊骨一同置沸水中稍滚沸，焯去血水；其他材料洗净。

　　3.汤煲内加入6~8海碗水，水开后将所有材料放入，大火煲开后转文火煲3小时即可。

▶ **营养小提示**

　　金樱子党参煲生鱼，非常适合春天阴晴不定的时节饮用，可预防感冒，还有壮阳补肾、补虚益气、止咳平喘的功效。

此汤分量
适合4～6
人饮用。

人参苹果煲猪瘦肉

功效：补中益气，补脾益肺，生津安神

主料介绍：

人参味甘、微苦，性微温，归脾、肺经。中医认为，人参有大补元气、补脾益肺、生津止渴、安神益智的作用。

现代医学证明：人参可调节神经功能，能提高工作能力，减少疲劳；能使因紧张而造成的紊乱的神经过程得以恢复，可提高思维能力和劳动效率；能促进蛋白质、RNA、DNA的合成。人参所含的人参皂甙是免疫增强剂，也是免疫调节剂，可提高人体免疫力，有推迟细胞衰老、延长细胞寿命的功能。

材料：

猪瘦肉400克，鲜人参1根（约50克），蜜枣20克，苹果2个（约400克），姜适量。

做法：

1.将苹果一开四，去芯。

2.将猪瘦肉置沸水中稍滚沸，焯去血水；其他材料洗净。

3.汤煲内加入4~6海碗水，水开后将所有材料一起加入，大火煲开后，文火煲1.5小时再转大火煲20～40分钟即可。

▶ 大厨提醒

人参煲汤或炖汤都不宜使用五金类的炊具。

服用人参后不宜食用萝卜和各种海味。因为人参是补元气的，而萝卜是下气的，会削弱人参的补益功效。此外，也不宜喝茶，避免影响人参有效成分的吸收。

薏米白胡椒猪肚汤

功效：健脾利湿，暖胃，益气血

主料介绍：

薏米又叫薏苡仁、苡仁、六谷子，为禾本科植物薏苡的种仁。其性凉，味甘、淡，入脾、肺、肾经，具有利水、健脾、除痹、清热排脓的功效。

薏米的营养价值很高，被誉为"世界禾本科植物之王"。

材料：

猪肚1个，腐竹少许，薏米50克，干枣3个，食盐、生姜、白胡椒、食用油、料酒少许。

做法：

1.将猪肚切条，生姜切片，薏米和红枣放入水中浸泡一会儿，用刀在红枣上划两刀备用，腐竹切段备用。

2.取锅放入清水，下入生姜与猪肚，再加入少量料酒，开大火煮3~4分钟后捞出，将水倒掉。

3.将猪肚、红枣、薏米、腐竹等一起放入锅中，下入白胡椒粒，可多放一些，放入足够的水，淹没食材后开大火煮沸，转小火炖煮一小时左右即可食用。

此汤分量适合8～10人饮用。

金银菜墨鱼煲猪脮

功效：清润生津，补脾益肾

主料介绍:

墨鱼亦称乌贼鱼、墨斗鱼、目鱼等，干品叫明鱼。

墨鱼味道鲜美，营养丰富，含有蛋白质、脂肪、碳水化合物、维生素A、B族维生素、核黄素，以及钙、磷、铁等人体所必需的物质。历代医家认为，墨鱼味咸，性平，入肝、肾经，具有养血、通经、催乳、补脾、益肾、滋阴、调经、止带的功效。

值得一提的是，墨鱼是女性一种颇为理想的保健食品，女子一生不论经、孕、产、乳各时期，食用墨鱼皆为有益。

材料:

白菜干100克，奶白菜400克，墨鱼1只（约400克），猪脮500克，猪脊骨400克，蜜枣3粒，陈皮、姜适量。

做法:

1.将白菜干用清水浸泡约30分钟。

2.将奶白菜和墨鱼洗净。

3.将猪脮、猪脊骨置沸水中稍滚沸，焯去血水。

4.煲内加入8～10海碗水，水开后将所有材料放入，大火煲开后转文火煲3小时，再转大火煲15～30分钟即可。

▶ 大厨提醒

墨鱼体内含有许多墨汁，不易洗净，可先撕去表皮，拉掉灰骨，将墨鱼放在装有水的盆中，在水中拉出内脏，去眼珠，使其流尽墨汁，然后多换几次清水将内外洗净即可。

此汤分量适合3～5人饮用。

花生鹿筋煲猪瘦肉

功效：滋养补益，强筋壮骨

主料介绍：

　　鹿筋为鹿科动物梅花鹿或马鹿四肢的筋，质坚韧，气微腥。

　　鹿筋性温，味淡微咸，入肝、肾经，有强筋壮骨、养血通络、生精益髓的功效。鹿筋对久患风湿、关节痛、腰脊疼痛、筋骨疲乏，或软弱无力、步履艰难、手足无力、手脚抽筋、跌打劳损、筋骨酸痛等症有显著疗效。

　　鹿筋含丰富的胶原蛋白，且在加工过程中保持了鹿筋的含血量，故加强了鹿筋的养血作用。

材料：

　　花生250克，鹿筋100克，猪瘦肉300克，红枣6颗，姜适量。

做法：

　　1.将花生和红枣洗净，稍浸泡。

　　2.将鹿筋洗净，温水浸泡至软。

　　3.将猪瘦肉置沸水中稍滚沸，焯去血水。

　　4.煲内加入4～6海碗水，水开后将所有材料放入，大火煲开后转文火煲1.5小时，再转大火煲30～45分钟即可。

▶ 大厨提醒

　　花生鹿筋煲猪瘦肉，既符合"春夏养阳"的养生原则，又能治湿困所致的筋骨酸痹。广东民间还常用它辅助治疗慢性腰腿痛、四肢麻痹、关节酸痛、腰膝冷痛等症。

此汤分量适合3～5人饮用。

莲子薏实煲牛肚

功效：聚气敛精，补血壮阳

主料介绍：

莲子又称莲实、莲米、水之丹，是睡莲科多年水生草本植物莲的成熟种子。

莲子性味甘平，归心、肾经，具有补脾止泻、益肾固精、养心安神、滋补元气的功效，常用于主治心烦失眠、脾虚久泻、大便溏泄、久痢、腰疼、男子遗精、妇人赤白带下等症，还可预防早产、流产、孕妇腰酸。

现代药理研究证实，莲子还具有镇静、强心、抗衰老等多种作用。

材料：

莲子50克，薏米30克，芡实30克，牛肚500克，猪瘦肉200克，猪脊骨400克，蜜枣3粒，陈皮、姜适量。

做法：

1.将莲子、芡实、薏米洗净；红枣去核洗净。

2.将牛肚洗净，在开水里稍滚5分钟，捞起用刀刮去黑衣，再洗净，切片。

3.汤煲内加入4～6海碗水，水开后将所有材料放入，大火煲开后转文火煲3小时，再转大火煲15～30分钟即可。

> ▶ **大厨提醒**
>
> 牛肚有补脾强胃、养血益气的作用。广东民间常用其煲汤，可以健脾胃。莲子能养肾固精、健脾养心，芡实能健脾止泻、补肾固精，薏米能健脾祛湿、清热补肺，再配上补气益血、健脾养胃的红枣，此汤则不燥不寒，不腻不滞，十分适合春季饮用。

此汤分量适合2～4人饮用。

合欢花枣仁炖猪瘦肉

功效： 安神补脑，补气益阳

材料：

　　合欢花15克，枣仁15克，猪瘦肉500克，桂圆、姜适量。

做法：

　　1.将合欢花、枣仁用清水浸泡，洗净。

　　2.将猪瘦肉置沸水中稍滚沸，焯去血水。

　　3.将所有材料放入炖盅，加入3海碗水，以保鲜膜封住，隔水炖2小时即可。

▶ 营养小提示

　　合欢花枣仁炖猪瘦肉有宁神功效，对郁结胸闷、失眠、神经衰弱均有一定的辅助治疗作用。

此汤分量适合6～8人饮用。

人参淮杞煲甲鱼

功效： 补肝益肾，养血润阴

材料：

鲜人参3根，淮山50克，枸杞20克，甲鱼500克，猪瘦肉300克，猪脊骨400克，陈皮、姜适量。

做法：

1.将人参洗净；淮山削皮洗净，切块；枸杞洗净，略泡。

2.将甲鱼宰杀后用开水浸烫，刮去表面黑膜，掀开甲鱼盖，除去内脏，斩件洗净，与猪瘦肉、猪脊骨一同放入沸水中，焯去血水。

3.汤煲内加入6～8海碗水，水开后将所有材料放入，大火煲开后转文火煲2小时，再转大火煲15～30分钟即可。

▶ 营养小提示

淮山健脾益气，是不寒不燥、平补阴阳之品；枸杞性味甘平，有补益肝肾、益精明目的功效；甲鱼能滋精补肾。三者合而为汤，能滋肾健脾、养血润阴。

此汤分量
适合3～5
人饮用。

白果核桃芡实煲牛尾

功效：益肾壮阳，强筋壮骨

主料介绍:

芡实，又名鸡头、鸡头实、水鸡头等，为睡莲科植物芡实的种仁，被视为延年益寿的上品。

芡实味甘，性平，无毒，能够滋养强精、收敛，具有镇静作用，主治遗精白浊、小便失禁、带下、泄泻、腰膝痹痛、神经痛、关节炎。现代研究表明，芡实含有大量对人体有益的营养素，如蛋白质、钙、磷、铁、脂肪、碳水化合物、维生素B_1、维生素B_2、维生素C、粗纤维、胡萝卜素等。

材料:

白果50克，核桃100克，芡实30克，牛尾1条，猪瘦肉400克，猪脊骨600克，蜜枣3粒，陈皮、姜适量。

做法:

1.将白果壳敲开，连壳放入开水锅中略焯捞出，剥去壳洗净；核桃去壳；芡实洗净。

2.将牛尾斩段，与猪瘦肉、猪脊骨一同放入沸水中，焯去血水。

3.煲内加入4～6海碗水，水开后将所有材料放入，大火煲开后转文火煲2.5小时，再转大火煲30～45分钟即可。

▶ 大厨提醒

此汤选用的材料有滋补强身、增强记忆力的功效，对工作疲劳、身体虚弱、记忆力减退者有良好的食疗作用。

此汤分量适合3～5人饮用。

冬虫夏草百合炖羊胎盘

功效： 益肾补肺，补阳益气

主料介绍：

　　百合除含有淀粉、蛋白质、脂肪，以及钙、磷、铁、维生素B₁、维生素B₂、维生素C等营养素外，还含有一些特殊的营养成分，如秋水仙碱等多种生物碱。这些成分综合作用于人体，不仅具有良好的营养滋补之功，还对气候干燥引起的多种季节性疾病有一定的防治作用。

　　中医认为，百合性微寒，具有清火、润肺、安神的功效。其花、鳞状茎均可入药，是一种药食兼用的花卉。

材料：

　　冬虫夏草20～25条，百合50克，鲜羊胎盘1只（约100克），猪瘦肉800克，鸡爪8只，桂圆、火腿、陈皮、姜适量。

做法：

　　1.将百合、冬虫夏草洗净。

　　2.将猪瘦肉洗净切成小块；鲜羊胎盘挑去血筋，用水反复漂洗干净，切块。

　　3.将所有材料放入炖盅，加入4海碗水，以保鲜膜封住，隔水炖3小时即可。

此汤分量适合2～4人饮用。

巴戟海龙猪瘦肉汤

功效： 补肾壮阳，强壮腰膝

主料介绍：

海龙，别名杨枝鱼、钱串子。

海龙味甘、微咸，性温，气微腥，归肝、肾经，具有强身健体、补肾壮阳、舒筋活络、消炎止痛、镇静安神、止咳平喘等药用功能。主治阳痿、遗精、不育、肾虚作喘、症瘕积聚、瘰疬瘿瘤、跌打损伤、痈肿疔疮等症，特别是对神经系统的疾病更为有效。

海龙含多种胱氨酸、蛋白质、脂肪酸、甾体及多种无机元素。

材料：

猪瘦肉500克，海龙20克，巴戟 60克，姜适量。

做法：

1.将海龙、巴戟洗净。

2.将猪瘦肉洗净切大块，放入沸水中焯去血水。

3.将所有材料放入炖盅，加入3海碗水，以保鲜膜封住，隔水炖2小时即可。

▶ 营养小提示

海龙壮阳之力倍于海马。巴戟有补肾壮阳之功效，而且温而不燥，以助海龙壮阳。猪瘦肉能健脾补虚、强壮躯体，又可增加汤的鲜味及营养。合而为汤，温补肾阳、强壮腰膝。

THE FIRST SOUP 此汤分量适合3～5人饮用。

石斛地虫炖猪腰

功效：补肾壮阳，清热止渴

主料介绍：

石斛又名石斛兰，多年生落叶草本，原产于喜马拉雅山及其周围，是我国古文献中最早记载的兰科植物之一。

石斛味甘，性微寒，有养阴清热、益胃生津的功效，用于热伤津液、低热烦渴、舌红少苔、胃阴不足、口渴咽干、呕逆少食、胃脘隐痛、舌光少苔、肾阴不足、视物昏花等症。石斛有解热镇痛作用，能促进胃液分泌、助消化，还有增强新陈代谢、抗衰老等作用。

材料：

猪腰200克，猪瘦肉400克，石斛50克，鲜地虫50克，枸杞10克，姜适量。

做法：

1. 将地虫、石斛洗净。
2. 猪腰剖洗干净，与猪瘦肉一同放入沸水中，焯去血水，捞出切片。
3. 将所有材料放入炖盅，加入3海碗水，以保鲜膜封住，隔水炖2小时即可。

▶ 大厨提醒

猪腰有臊味，在炖汤时加入适量的黄酒可以去除。如果猪腰臊味较重，可再放少许醋，就可以彻底清除猪腰的臊味了。

此汤分量
适合4～6
人饮用。

麦冬党参煲兔肉

功效： 滋阴补气，养神培元

材料：

　　麦冬100克，党参50克，兔肉500克，猪瘦肉300克，猪脊骨400克，蜜枣3粒，陈皮、姜适量。

做法：

　　1.将麦冬、党参洗净。

　　2.将兔肉与猪瘦肉、猪脊骨一同放入沸水中，焯去血水。

　　3.汤煲内加入4～6海碗水，水开后将所有材料放入，大火煲开后转文火煲2.5小时，再转大火煲30～40分钟即可。

> ▶ **营养小提示**

　　麦冬养阴生津、润肺清心；党参补中益气、健脾益肺；兔肉有补气养颜之功。此汤不仅味道鲜美嫩滑，而且具有补气滋阴、沁脾润肺之功效。

此汤分量适合2～4人饮用。

人参白术炖鸡

功效: 大补元气,补脾益肺

材料:

　　鲜人参2根,白术30克,枸杞10克,鸡500克,猪瘦肉300克,红枣10克,姜适量。

做法:

　　1.将人参洗净;白术、枸杞洗净略泡。

　　2.将鸡宰杀洗净,斩件,与猪瘦肉一同放入沸水中焯去血水。

　　3.将所有材料放入炖盅,加入3海碗水,以保鲜膜封住,隔水炖2小时即可。

 **大厨提醒**

　　人参以野山参药效最强,但价格最贵,通常可用高丽参代替。

此汤分量
适合4～6
人饮用。

猴头菇黑豆核桃煲羊肉

功效：补虚强体，益肾聚精

主料介绍：

　　羊肉味甘，性温，入脾、肾经，有补虚劳、祛寒冷、温补气血、益肾气、补形衰、开胃健力、补益产妇、通乳治带、助元阳、益精血的功效。

　　羊肉既能御风寒，又可补身体，对一般风寒咳嗽、慢性气管炎、虚寒哮喘、肾亏阳痿、腹部冷痛、体虚怕冷、腰膝酸软、面黄肌瘦、气血两亏、病后或产后身体虚亏等虚证均有治疗和补益功效，深受人们欢迎。

材料：

　　猴头菇100克，黑豆30克，核桃100克，羊肉500克，猪瘦肉400克，猪脊骨600克，蜜枣3粒，陈皮、姜适量。

做法：

　　1.将猴头菇洗净泡发，黑豆洗净，核桃去壳。

　　2.将羊肉洗净切块，与猪瘦肉、猪脊骨一同放入沸水中，焯去血水。

　　3.汤煲内加入4～6海碗水，水开后将所有材料放入，大火煲开后转文火煲1.5小时，再转大火煲30～45分钟即可。

> ▶ **大厨提醒**
>
> 　　猴头菇宜用清水泡发而不宜用醋泡发。泡发时，先将猴头菇洗净，然后放在冷水中浸泡一会儿，再加沸水入笼蒸制或入锅焖煮。需要注意的是，即使将猴头菇泡发好了，在烹制前也要加入姜、葱、料酒、高汤等蒸制或焖煮，才可以进行烹制。

此汤分量
适合4～6
人饮用。

巴戟红枣杜仲煲牛鞭

功效：壮阳补肾，涵敛精气

主料介绍：

　　红枣，味甘、性平，入脾、胃经，有补益脾胃、滋养阴血、养心安神、缓和药性的功效，还可以抗过敏、除腥臭怪味、益智健脑、增强食欲，用于治疗脾气虚所致的食少、泄泻以及阴血虚所致的妇女脏燥证。此外，病后体虚的人食用红枣也有良好的滋补作用。

　　红枣果肉肥厚，色美味甜，富含蛋白质、脂肪、糖类、维生素、矿物质等营养素，是益气、养血、安神的保健佳品，对高血压、心血管疾病、失眠、贫血等人士非常有益。红枣不仅是养生保健的理想食物，更是护肤美颜的佳品。

材料：

　　杜仲50克，巴戟50克，红枣8颗，鲜牛鞭1条，猪瘦肉400克，猪脊骨600克，蜜枣3粒，陈皮、姜适量。

做法：

　　1.将巴戟、杜仲洗净；红枣去核、洗净。

　　2.将鲜牛鞭洗净，切去肥油，用开水焯去膻味，然后清水漂净，切块，与猪瘦肉、猪脊骨一同放入沸水中，焯去血水。

　　3.汤煲内加入4～6海碗水，水开后将所有材料放入，大火煲开后转文火煲2小时，再转大火煲20～40分钟即可。

▶ 大厨提醒

　　好的红枣皮色紫红，颗粒大且均匀，果形短壮圆整，皱纹少，痕迹浅；如果皱纹多，痕迹深，果形凹瘪，则属于肉质差和未成熟的鲜枣制成的干品；如果红枣蒂端有穿孔或粘有咖啡色或深褐色粉末，说明已被虫蛀。此外，红枣吃多了会胀气，孕妇如果有腹胀现象就不要吃枣了，但可以喝红枣汤。

此汤分量适合2～4人饮用。

核桃枸杞炖羊肉

功效：湿补精血，益肾壮阳

主料介绍:

核桃，别名胡桃。味甘，性温，入肾、肺经，有补肾固精、温肺定喘、润肠、排石的功效。

核桃仁含有较多的蛋白质及人体必需的不饱和脂肪酸，这些成分皆为大脑组织细胞代谢的重要物质，因此，核桃能滋养脑细胞，增强脑功能。核桃仁还有防止动脉硬化，降低胆固醇的作用。此外，核桃还可用于治疗非胰岛素依赖型糖尿病，对癌症患者有镇痛作用，还有提升白细胞数量及保护肝脏等作用。核桃仁含有的大量维生素E，经常食用能润肌肤、乌须发，可以令皮肤滋润光滑，富有弹性。当感到疲劳时，食用核桃仁，有缓解疲劳和压力的作用。

材料:

羊肉500克，巴戟30克，核桃仁60克，枸杞15克，红枣5颗，姜适量。

做法:

1.将核桃仁、巴戟洗净；枸杞洗净略泡。

2.将羊肉洗净切块，再放入沸水中焯去血水。

3.将所有材料放入炖盅，加入3海碗水，以保鲜膜封住，隔水炖3小时即可。

▶ **大厨提醒**

核桃不能与野鸡肉一起食用，肺炎、支气管扩张等患者不宜食之。核桃不宜与酒同食，因为核桃性热，多食易生痰动火，而白酒也属甘辛大热，二者同食，易致血热。特别是有咯血宿疾的人，更应禁忌。

第三篇
健　脾

春季气候变化较大，天气时暖时寒，敏感的脾脏容易受到影响。脾与人体健康息息相关，因此，春季养生必须健脾。

顺时养生，健脾在于春

脾，是人体"五脏"之一，位于人体膈下左上腹内，主要的生理功能有主管食物的消化、吸收和运输，以及统摄血液在脉管中运行而不溢于脉外。

脾，与我们的身体健康息息相关，一旦脾虚弱了，人体其他功能也会受到影响。

何为脾虚

所谓脾虚，是指因脾气虚损而引起的一系列脾脏生理功能失调的病症。脾虚多是由于饮食失调、劳逸失度或久病体虚所引起。脾虚则运化失常，并可能出现营养障碍、生湿酿痰或发生失血等症。

脾虚包括脾气虚、脾阳虚、中气下陷、脾不统血四种类型。

脾气虚主要表现为腹胀纳少，肢体倦怠，疲乏无力，少言懒语，形体消瘦，或肥胖浮肿、舌苔淡白。

脾阳虚主要的症状是大便溏稀，腹痛绵绵，喜温喜暗，四肢发冷，面目无华或浮肿，小便短少或白带多而清晰色白，舌苔白滑。

中气下陷会出现久泻、脱肛、子宫脱垂等症状。

脾不统血多见于慢性出血的病症，如月经过多、崩漏、便血、衄血、皮下出血等。除出血外，还会兼有脾气虚弱的一些症状。

对症健脾

中医养生讲究因时、因地、因人、

因症制宜，煲健脾汤时，也要根据脾虚的不同症状，选择相应的药材、食材进行配伍，才能起到良好的效果。

通常情况下，脾气虚，在脾脏运化功能的减弱、脾失健运、精微不布、水湿内生的同时，常常也表现出气血生化不足、气血亏虚、中气不足。因此，汤膳适宜选择兼具健脾与补气功效的药材、食材，如土豆、淮山、红枣、鸡肉、兔肉等。脾阳虚，主要是因脾阳虚衰、失于温运、阴寒内生所致，健脾时可以选择温性的食品，如猪肚、牛肚、牛肉、扁豆等。中气下陷，久病损脾所致，或是脾气虚不及时调理、升提失司所致，以脾气虚证和内脏下垂为辨证要点，在食疗时要注重补中益气、升陷，煲汤时，可加入党参、白术、升麻、黄芪等。脾不统血，除出现脾气虚的一些症状外，还兼有出血的症状，治疗时宜补脾摄血。因此，煲汤时，适宜加入当归、酸枣仁、伏神、桂圆、木香等。

此外，上午9点到11点，是脾工作能力最强的时间，这时候脾气最旺，消化食物、吸收营养能力最强，在这个时间进食健脾的汤膳能起到很好的养生效果。

饮食原则

一、少酸多甘。唐代名医孙思邈说："春日宜省酸，增甘，以养脾气。"意思是说，当春天来临之时，我们要少吃点酸味的食品，多吃些甘味的食物，这样做的好处是能补脾。中医学认为，脾胃是"后天之本"，是"人体气血化生之源"，脾胃健旺，人才可以延年益寿。春天是肝气比较旺的时节，多吃酸性食物会造成肝火过于旺盛，损伤脾胃。应多吃一些带甘味，而且富含蛋白质、维生素、矿物质的食物，如猪瘦肉、禽蛋、牛奶、蜂蜜、豆制品、新鲜蔬菜、水果等，有利于补益脾气。

二、多吃黄色食品。中医有一种颜色养生学说，而脾相对应的是黄色。黄色的食物多是味甘，性平，气香，入脾经，多是五谷根茎淀粉类，如小米、燕麦、玉米、黄豆、红薯、胡萝卜、南瓜、木瓜、香蕉、柳橙等。这些食物主要含淀粉和糖，是能量的主要来源，可以充分滋养脾脏，维持脾的正常运作。尤其是玉米，它是粗粮中的保健佳品，它的纤维含量很高，可以刺激肠蠕动，加速粪便排泄，是降低血脂、治疗便秘、养颜美容、防止肠癌的最佳食物。玉米还有利尿降压作用。这些黄色食品还含有丰富的胡萝卜素，摄入人体经消化后，可以转化成维生素A，能促进机体正常生长代谢、防止呼吸道感染、保护视力，还有防癌抗癌的作用。

"民以食为天，食以汤为先"，汤补是一种长远的养生行为，这篇将为您奉上健脾的好汤，让您脾好，身体好。

THE FIRST SOUP

此汤分量适合2～4人饮用。

灯芯草淮山煲牛百叶

功效：补益脾胃，消解疲劳

主料介绍：

灯芯草又称野席草、龙须草、灯草、水灯心。《本草衍义》有载："灯芯草，陕西亦有。蒸熟，干则拆取中心穰燃灯者，是谓之熟草。又有不蒸，但生干剥取者为生草。入药宜用生草。"

灯芯草味甘淡，微寒，归心、肺、小肠经，有利水通淋、清心降火的药用功效。用于主治淋病、水肿、小便不利、尿少涩痛、湿热黄疸、心烦不寐、小儿夜啼、喉痹、口舌生疮、创伤等。

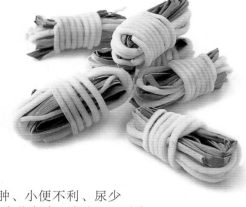

材料：

灯芯草8扎，淮山、莲子各50克，牛百叶400克，猪瘦肉200克，鸡肉200克，陈皮、姜适量。

做法：

1.将灯芯草置清水中泡浸约15分钟。
2.将牛百叶洗净切片。
3.将鸡肉、猪瘦肉置沸水中稍滚沸，焯去血水。
4.汤煲内加入3海碗水，水开后将所有材料放入，大火煲开后文火煲2小时，转大火再煲15～30分钟即可。

▶ 营养小提示

灯芯草淮山煲牛百叶有祛湿利尿、补益脾胃、补气养血、消疲解劳的功效，同时也适宜食欲不振、肺虚久咳、便虚腹泻者饮用。

此汤分量
适合4～6
人饮用。

五指毛桃煲乌鸡

功效：补气健脾，除湿化痰

主料介绍：

　　乌鸡又称武山鸡、乌骨鸡，是一种杂食家养鸟。从营养价值上看，乌鸡的营养远远高于普通鸡。乌鸡肉含有10种氨基酸，其蛋白质、维生素B_2、维生素B_5、维生素E、磷、铁、钾、钠的含量很高，而胆固醇和脂肪含量则很少。

　　乌鸡是补虚劳、养身体的上好佳品。食用乌鸡，可以提高生理机能、延缓衰老、强筋健骨，对防治骨质疏松、佝偻病、妇女缺铁性贫血症等有显著的食疗功效。《本草纲目》认为，乌鸡有补虚劳羸弱、制消渴、益产妇、治妇人崩中带下及一些虚损诸病的功用。

材料：

　　五指毛桃100克，乌鸡半只（约350克），猪瘦肉400克，猪脊骨600克，蜜枣3粒，陈皮、姜适量。

做法：

　　1.将乌鸡洗净，斩大块，与猪瘦肉、猪脊骨一同放入沸水中，焯去血水。

　　2.将五指毛桃洗净，切片。

　　3.汤煲内加入4～6海碗水，水开后将所有材料放入，大火煲开后转文火煲2小时，再转大火煲30～45分钟即可。

▶ **大厨提醒**

　　将乌鸡连骨(砸碎)熬汤滋补效果最佳。炖煮时不宜用高压锅，使用砂锅文火慢炖最好。

THE FIRST SOUP
此汤分量适合2～4人饮用。

椰子黄豆炖无花果

功效：健脾祛湿，益气补虚

主料介绍:

椰子性平，味甘，入胃、脾、大肠经。果肉具有补虚强壮、益气祛风、消疳杀虫的功效，主治小儿绦虫、姜片虫病。椰汁具有滋补、清暑解渴的功效，主治暑热类渴、津液不足之口渴，用于胃阴不足、咽干口渴、暑热烦渴、水肿、小便不利等。

椰肉及椰汁含大量蛋白质、果糖、葡萄糖、蔗糖、脂肪、维生素B_1、维生素C、维生素E、钾、钙、镁等营养素。椰肉色白如玉、芳香滑脆，椰汁清凉甘甜，是老少皆宜的美味佳果。

材料:

椰子1个，黄豆80克，无花果50克，枸杞10克，蜜枣3粒，猪瘦肉500克。

做法:

1.将黄豆洗净，置清水中浸泡2小时以上。

2.将猪瘦肉洗净，切大块，放入沸水中，焯去血水。

3.在椰子顶部约四分一处砍一刀，把小的部分作为盖子，把椰汁倒出备用，取出椰肉切成小块备用。把椰子大的部分当成一个炖盅。

4.将所有材料及椰汁、椰肉放入椰子炖盅中，再加入适量水，盖上椰子盖，再置炖盅中，以保鲜膜封住，隔水炖2小时即可。

▶ 大厨提醒

生黄豆含有抗胰蛋白酶因子，影响人体对黄豆营养成分的吸收。因此，食用黄豆及豆制食品，烧煮的时间要比一般食品长，要用高温来破坏这些因子，以提高黄豆蛋白的营养价值。

此汤分量适合2~4人饮用。

胡萝卜马蹄煲猪脊骨

功效：健脾消食，清热解毒

主料介绍：

　　胡萝卜是一种质脆味美、营养丰富的家常蔬菜，素有"小人参"之称。

　　胡萝卜味甘，性平，有健脾和胃、补肝明目、清热解毒、壮阳补肾、透疹、降气止咳等功效，可用于肠胃不适、便秘、夜盲症、性功能低下、麻疹、百日咳、小儿营养不良等症状。

　　胡萝卜富含维生素，有轻微而持续发汗的作用，可刺激皮肤的新陈代谢，增进血液循环，从而使皮肤细嫩光滑、肤色红润，对美容健肤有独到的功效。同时，胡萝卜也适宜皮肤干燥、粗糙，或患毛发苔藓、黑头粉刺、角化型湿疹者食用。

材料：

　　猪脊骨600克，胡萝卜300克，马蹄100克，黄豆50克，姜适量。

做法：

　　1. 将胡萝卜洗净，去皮切块；马蹄去皮洗净；黄豆用清水浸泡2小时以上。

　　2. 将猪脊骨洗净切大块，放入沸水中焯去血水。

　　3. 汤煲内加入3海碗水，水开后将所有材料放入，大火煲开后转文火煲1.5小时，再转大火煲30~45分钟即可。

▶ 大厨提醒

　　胡萝卜与酒不宜同食，因为大量胡萝卜素与酒精一同进入人体，会在肝脏中产生毒素，导致肝病。

此汤分量适合2~4人饮用。

党参淮山玉竹煲兔肉

功效： 补气健脾，养阴和胃

主料介绍：

玉竹，《神农本草经》将其列为上品之药，李时珍说："其叶光莹像竹，其根长而多节，故有玉竹、地节诸名。"

玉竹味甘，性平，入脾、肾经，具有养阴、润燥、除烦、止渴的功效，主治热病伤阴、咳嗽烦渴、虚劳发热、消谷易饥、小便频数等。

材料：

党参50克，淮山50克，玉竹50克，兔肉500克，猪瘦肉300克，扇骨600克，红枣5颗，蜜枣2粒，枸杞、陈皮、姜适量。

做法：

1.将党参、淮山、玉竹、红枣、枸杞洗净。

2.将兔肉、猪瘦肉、扇骨洗净，置沸水中稍滚沸，焯去血水。

3.汤煲内加入4～6海碗水，水开后将所有材料放入，大火煲开后，文火煲2.5小时再转大火煲10～20分钟即可。

▶ 大厨提醒

兔肉性偏寒凉，凡脾胃虚寒所致的呕吐、泄泻忌用。兔肉不能与鸡心、鸡肝、獭肉、橘、芥、鳖肉同食。

此汤分量适合3～5人饮用。

番茄土豆炖牛肉

功效： 强身健体，健脾开胃

主料介绍：

番茄别名西红柿、洋柿子，古名六月柿、喜报三元。其果实营养丰富，有特殊风味，可以生食、煮食，加工制成番茄酱、汁等。

番茄味甘、酸，性凉、微寒，归肝、胃、肺经，能清热止渴、养阴、凉血，具有生津止渴、健胃消食、清热解毒、凉血平肝、补血养血、增进食欲的功效。番茄所含的番茄素，有抑制细菌的作用。它所富含的维生素A原，在人体内转化为维生素A，能促进骨骼生长，对防治佝偻病、眼干燥症、夜盲症及某些皮肤病有良好功效。

材料：

番茄300克，土豆500克，牛肉500克，姜适量。

做法：

1.将土豆去皮洗净切块；番茄洗净切块。

2.将牛肉置沸水中稍滚沸，焯去血水。

3.将所有材料放入炖盅，加入3海碗水，以保鲜膜封住，隔水炖2小时即可。

▶ 营养小提示

以番茄炖汤有生津止渴、健胃消食、清热解毒和降低血压之功效。经过炖煮的番茄和土豆大部分融化在汤中，各种营养成分易被人体吸收。常饮番茄土豆牛肉汤，可增强人体的抵抗力，预防感冒。

此汤分量适合2～4人饮用。

板栗百合煲生鱼

功效：益气补脾，和胃生津

主料介绍：

　　板栗为壳斗科植物栗的果仁，又名大栗、栗子、栗果等。其味甘，性温，具有健脾养胃、补肾强筋、滋补强身、抗衰延年等功效。

　　板栗的营养丰富全面，富含不饱和脂肪酸、蛋白质、碳水化合物、维生素C、维生素A、维生素B$_1$、维生素B$_2$、胡萝卜素以及磷、钙、铁、钾等营养素，有预防和治疗高血压、冠心病、动脉硬化、骨质疏松、癌症等疾病的作用。

材料：

　　生鱼1条（约400克），板栗100克，干百合50克，红枣20克，猪瘦肉300克，姜适量。

做法：

　　1.将生鱼去鳞剖腹洗净，入锅用小火煎至两面金黄色；百合用温水泡发；板栗去壳、去皮。

　　2.将猪瘦肉置沸水中稍滚沸，焯去血水。

　　3.汤煲内加入3海碗水，水开后将所有材料放入，大火煲开后，文火煲1.5小时再转大火煲30～45分钟即可。

> ▶ **大厨提醒**
>
> 　　给板栗去皮是一件颇为麻烦的事，这里教你巧去栗皮：先将板栗一切两瓣，去壳后放入盆内，加开水浸泡一会儿后，用筷子搅拌，板栗的皮就会与栗肉脱离。

THE FIRST SOUP　　此汤分量适合2～4人饮用。

赤小豆玉米须煲生鱼

功效：利尿除湿，健脾解毒

主料介绍：

玉米须，为禾本科植物玉蜀黍的花柱。

玉米须性味甘淡而平，入肝、肾、膀胱经，有利尿消肿、平肝利胆的功能，主治急性肾炎、慢性肾炎、水肿、急性胆囊炎、胆道结石和高血压等。

现代药理研究表明，玉米须含大量硝酸钾、维生素K、谷固醇、豆固醇和一种挥发性生物碱，有利尿、降压、降血糖、止血、利胆等作用。

材料：

赤小豆150克，玉米须50克，生鱼500克，姜适量。

做法：

1.将生鱼去鳞剖腹洗净，入锅，用小火煎至两面金黄色；其他材料洗净。

2.汤煲内加入3海碗水，水开后将所有材料放入，大火煲开后，文火煲2小时即可。

▶ **营养小提示**

药食兼用的赤小豆是广东民间春夏季常用的煲汤佳品。它性平，味甘、酸，具利水消肿、解毒排脓的功效。玉米须在中药里为利胆利水类药物。用赤小豆玉米须煲生鱼，清润可口，能清热利水、平肝解毒，还有减肥功效。如果在此汤中加入鸡爪，更能提升汤的鲜美。

此汤分量
适合2人
饮用。

玉竹黄豆炖乳鸽

功效：健脾利湿，益气补虚

主料介绍:

黄豆为豆科草本植物大豆的黄色种子，又称黄大豆、大豆。

中医认为，黄豆味甘，性平，能健脾利湿、益血补虚、清热解毒。

黄豆的营养价值最丰富，素有"豆中之王"之称，被人们称为"植物肉""绿色的乳牛"。干黄豆中蛋白质含量约为40%，为粮食之冠。黄豆富含异黄酮，可断绝癌细胞营养供应；含人体必需的8种氨基酸、维生素及多种微量元素，可降低胆固醇，预防高血压、冠心病、动脉硬化等；含亚油酸，能促进儿童神经发育。

材料:

乳鸽1只（约350克），玉竹15克，黄豆30克，枸杞15克，姜适量。

做法:

1.将黄豆用清水浸泡2小时以上。

2.将乳鸽宰净去内脏；其他材料用清水洗净。

3.将所有材料放入炖盅，加入2海碗水，以保鲜膜封住，隔水炖4小时即可。

▶ **大厨提醒**

黄豆虽好，但男性不宜多吃。研究表明，男性食用黄豆越多，精子的质量就会越低，特别是在生育方面有问题的男性，最好不要吃太多的黄豆。

此汤分量适合2～4人饮用。

黄芪淮山炖羊肉

功效： 健脾利湿，益气补虚

材料：

　　黄芪30克，淮山50克，当归20克，猪瘦肉400克，羊肉500克，红枣、姜适量。

做法：

　　1.将黄芪、淮山、当归用清水洗净。

　　2.将猪瘦肉、羊肉用清水洗净，置沸水中，焯去血水。

　　3.将所有材料放入炖盅，加入3海碗水，以保鲜膜封住，隔水炖4小时即可。

▶ 营养小提示

　　黄芪补脾益气、利尿消肿；羊肉滋养补脾、利湿。此汤对于脾气虚弱、水肿、小便不利、蛋白尿，以及老人体虚气弱、小便点滴不畅均有食疗作用。

此汤分量
适合3～5
人饮用。

腊梅花冬瓜炖猪小肚

功效： 清热利水，补肾健脾

材料：

腊梅花10克，冬瓜300克，猪小肚200克，猪脊骨150克，猪腰300克，江珧柱100克，鸡爪6只，姜适量。

做法：

1.将冬瓜去皮洗净切块；江珧柱洗净。

2.将猪小肚、猪脊骨、猪腰、鸡爪洗净后置沸水中稍滚沸，焯去血水。

3.将所有材料放入炖盅，加入4海碗水，以保鲜膜封住，隔水炖4小时即可。

▶ **营养小提示**

猪小肚为猪的膀胱，味甘淡，性凉，有补肾、健脾的作用。与腊梅花、冬瓜相配，使之利水而健脾胃，且味道清香可口。

THE FIRST SOUP 此汤分量适合2～4人饮用。

木瓜鱼头汤

功效：补益脾气，暖胃通乳

主料介绍：

木瓜又名乳瓜、番瓜，果皮光滑美观，果肉甜美可口，有"百益之果"的雅称，是岭南四大名果之一。

木瓜性平、微寒，味甘，归肝、脾经，有健脾益胃、疏通筋络的功效，主治脾胃虚弱、食欲不佳、乳汁缺少、关节痛疼、肢体麻木等症。

现代医学研究表示，木瓜富含17种以上氨基酸、维生素C、B族维生素，以及钙、铁、磷等矿物质，营养丰富，能消暑解渴、润肺止咳。它特有的木瓜酵素能清心润肺，还可以帮助消化、治胃病；它独有的木瓜碱具有抗肿瘤功效，对淋巴性白血病细胞具有较强的抗癌活性。

材料：

木瓜500克，大鱼头1~2个（约500克），生姜6片。

做法：

1.将鱼头去鳞洗净，入锅用小火煎至两面金黄色；其他材料洗净。

2.汤煲内加入2~4海碗水，水开后将所有材料放入，大火煲开后，文火煲3小时即可。

此汤分量
适合4～6
人饮用。

淮山枸杞炖猪脑

功效：健脾胃，补肺气

主料介绍：

　　淮山，又名淮山药、山药。其营养丰富，自古以来就被视为物美价廉的补虚佳品，既可作主食，又可作蔬菜，还可以制成糖葫芦之类的小吃。

　　淮山生者性凉，熟则化凉为温，入肺、脾、肾经。它含有蛋白质、糖类、维生素、脂肪、胆碱、淀粉酶等成分，还含有碘、钙、铁、磷等人体不可缺少的无机盐和微量元素。

　　现代科学分析，淮山的最大特点是含有大量的黏蛋白。黏蛋白是一种多糖蛋白质的混合物，对人体具有特殊的保健作用。

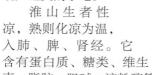

材料：

　　淮山50克，枸杞20克，猪脑2个，党参30克，猪瘦肉500克，猪脊骨500克，鸡爪8只，桂圆、陈皮、姜适量。

做法：

　　1.将淮山、枸杞洗净；猪脑洗净，挑去软膜和血丝。

　　2.将猪瘦肉、猪脊骨、鸡爪置沸水中稍滚沸，焯去血水。

　　3.将所有材料放入炖盅，加入4海碗水，以保鲜膜封住，隔水炖2小时即可。

▶ 大厨提醒

　　清洗猪脑时，先将猪脑放入冷水中浸泡，直至看到有明显的血筋粘在猪脑表面时，再用手抓几下，即可将血筋去除。

THE FIRST SOUP 　此汤分量适合4~6人饮用。

冬菇木耳花生煲猪肚

功效：补血滋阴，强壮脾胃

主料介绍：

　　木耳，别名黑木耳、光木耳。色泽黑褐，质地柔软，味道鲜美，营养丰富，可素可荤。不但为中国菜肴大添风采，而且能养血驻颜，令人肌肤红润、容光焕发。

　　木耳含有维生素K，能减少血液凝块，预防血栓症的发生，有防治动脉粥样硬化和冠心病的作用；含有抗肿瘤活性物质，能增强机体免疫力，经常食用可防癌抗癌；富含铁，可有效防治缺铁性贫血。木耳还有帮助消化纤维类物质功能，对无意中吃下的难以消化的头发、谷壳、木渣、沙子、金属屑等异物有溶解作用，并且对胆结石、肾结石等内源性异物也有比较显著的化解功能。

材料：

　　冬菇8～10个，木耳30克，花生50克，猪肚1个(约400克)，猪瘦肉400克，猪脊骨600克，蜜枣3粒，胡椒、陈皮、姜适量。

做法：

　　1.将冬菇、木耳泡发洗净；花生洗净；猪肚去油，用盐清洗干净，切块。

　　2.将猪肚和洗好的猪脊骨、猪瘦肉同置沸水中稍滚沸，焯去血水。

　　3.汤煲内加入4～6海碗水，水开后将所有材料放入，大火煲开后，文火煲2.5小时即可。

▶ 大厨提醒

　　木耳不宜与田螺同食；患有痔疮者，木耳与野鸡不宜同食，因野鸡有小毒，二者同食易诱发痔疮出血；木耳不宜与野鸭同食，因野鸭味甘性凉，同食易消化不良；木耳不宜和萝卜一起涮煮。

此汤分量
适合3～5
人饮用。

猴头菇响螺猪肚汤

功效：健脾补气，消食开胃

主料介绍：

响螺，肉质肥美，适用于多种烹调方法。渔民常用它的壳作吹号，声音宏亮，故有响螺之称。其干制品响螺片更是上好的烹调用原料，经过发制后，口感、味道酷似加工后的干鲍。

据测定，响螺含有多种有益人体健康的元素，蛋白质含量高达11.8%，钙、磷、铁含量也较高。

响螺片还具有药用价值，其肉味甘，性凉，可明目，治心虚热痛，有开胃消滞、滋补养颜的功效。

材料：

猴头菇100克，响螺片30克，猪肚1个（约400克），猪瘦肉500克，姜适量。

做法：

1.将猴头菇洗净；响螺片泡发，洗净。

2.将猪肚洗净，切去肥油，再用少许盐擦洗一遍，冲洗后，放入开水中拖过，刮去白膜。

3.把猪肚和洗好的猪瘦肉置沸水中稍滚沸，焯去血水。

4.汤煲内加入2～4海碗水，水开后将所有材料放入，大火煲开后，文火煲1.5小时再转大火煲30～45分钟即可。

▶ **大厨提醒**

干响螺片浸泡的时间一定要长，最好泡12小时。响螺片软糯且有弹性，味道鲜美，可与多种材料搭配烹制成不同的菜肴。

此汤分量适合2～4人饮用。

黑豆红枣煲塘鲺

功效： 补气健脾，养血利水

材料:

塘鲺500克，猪瘦肉300克，黑豆60克，红枣5颗，姜适量。

做法:

1.将黑豆、红枣洗净；塘鲺宰杀洗净，放入油锅，煎至两面微黄。

2.将猪瘦肉洗净，放入沸水中，焯去血水。

3.汤煲内加入2～4海碗水，水开后将所有材料放入，大火煲开后，文火煲2小时即可。

▶ **营养小提示**

黑豆煲塘鲺是广东民间调理脾虚、体弱、贫血、头晕目眩、自汗盗汗、耳鸣乏倦的滋补汤。此汤还可辅助治疗妇女血虚头痛、产后虚弱以及血小板减少等症。

此汤分量适合2～4人饮用。

苦瓜江珧柱炖翅群

功效： 滋阴凉血，益气健脾

材料：

苦瓜300克，江珧柱10克，猪瘦肉500克，鸡肉200克，翅群100克。

做法：

1.将苦瓜洗净，去瓤切块；江珧柱及翅群置温水中略泡。

2.将猪瘦肉、鸡肉洗净，置沸水中稍滚沸，焯去血水。

3.将所有材料放入炖盅，加入4海碗水，以保鲜膜封住，隔水炖3小时即可。

▶ 大厨提醒

苦瓜身上一粒一粒的果瘤，是判断苦瓜好坏的根据。颗粒愈大愈饱满，表示瓜肉愈厚；颗粒愈小，瓜肉愈薄。因此选苦瓜要挑果瘤大、果形直立的。

此汤分量
适合4～6
人饮用。

十全大补鸡汤

功效： 补气养血，健脾益肾

材料：

鸡肉700克，人参1根（约5克），茯苓15克，白术15克，炙甘草5克，当归10克，川芎5克，熟地15克，白芍15克，黄芪15克，桂圆5克。

做法：

1.将各种药材洗净，沥干备用。

2.将鸡洗净，斩件，放入沸水中焯去血水。

3.汤煲内加入4～6海碗水，水开后将所有材料放入，大火煲开后，文火煲3小时即可。

> ▶ **营养小提示**

十全大补鸡汤补气养血，能促进血液循环、利尿消肿、提振精力，还有滋肾补血、调经理带、消减疲劳的功效，兼顾调理气血、经脉、筋骨、肌肉等组织及循环。

第四篇
祛　湿

春雨"润物细无声"，但连绵春雨也加重了湿邪，给人体机能带来不少考验。这季节，祛湿是个绕不开的养生话题。

春湿气重，祛湿要及时

　　大地回春，万物复苏。可是，我国南方的春季多是阴雨连绵，潮湿难耐，空气中饱含水分子，似乎用手一抓就可以拧出水来。湿气太重了，人体的免疫力和防御功能就会下降，很容易诱发一些春季常见的疾病。春季养生，祛湿要及时。

何为"湿"

　　所谓"湿"，有"外湿"，也有"内湿"。

　　"外湿"主要由于天气潮湿，空气湿度太大，或是居所靠近山边、海旁，抑或是工作时经常接触水而形成的。

　　从中医学的角度来看，"内湿"为阴邪，与潮湿气候及饮食习惯有着密切的关系。常吃生冷食物、冻饮的人，脾胃的营养运输、消化及吸收功能等都会受到影响，导致体内多余水分难以排清，形成"内湿"。再加上"外湿"，"内湿"的症状会更严重。

分辨湿证

　　由于湿气停滞于体内，症状多表现为身体沉重、四肢困倦、乏力或头重等。如果湿气延伸至关节，便会出现关节疼痛或活动不便等风湿症状。

　　湿气对五脏六腑影响最大的是脾，因此，往往湿气重的人容易有食欲不佳、消化不良、胸闷腹胀、渴不欲饮、大便稀薄或便秘等症状，也可能出现全身或局部的水湿淤积，如水肿、脚气、白带、湿疹等现象。厚舌苔是脾湿的最典型特征，可以用淮山、薏米、茯苓熬汤服用。若舌苔上还带有黄色，则说明身体湿热，可以适当多吃点养阴润燥的食物，如鸡蛋花、木棉花、灯芯草汤水等，可利湿消热。

对症祛湿

根据不同的湿气症状，调理时要辨证制宜，采取不同方法。

解表化湿，适用于风湿袭表、寒热无汗、身重体痛等症状，宜用羌活、香薷、白扁豆等。

辛开淡渗，适用于头痛身重、胸闷、午后身热、不渴苔白等症状，宜选用的药材有杏仁、牛蒡、桔梗、芥子、细辛、通草、茯苓、泽泻等。

芳香化湿，适用于湿困中焦、胸闷泛恶，苔腻纳呆等症状，这种方法所采用的药物气味芳香、性偏温燥，多入膀胱、脾、小肠经，有利水渗湿、利尿通淋、利湿退黄等功效，如槟榔花、佩兰、茴香、藿香、草果等。

燥湿化痰，适用于咳嗽痰多、色白而稀、湿痰等症状，宜用半夏、橘红、白术等中药。

利湿泄热，适用于湿遏热伏、身体发热、便秘烦渴等症状，宜采用棉茵陈、栀子、麻黄、赤小豆等药材。

苦温燥湿，适用于内湿重、大便濡泄、四肢困倦、胸闷腹满等症状，选用中药入膳时，可用厚朴、白豆蔻、枳壳、猪苓、黄芩、黄柏等。

祛湿饮食原则

中医认为，生冷食物、冰冻品和凉性蔬菜，会让肠胃消化吸收功能停滞，不利于化湿健脾。因此，春天不宜喝冰冻的饮料；冰冻的食品不经解冻或加热，也不宜食用；此外，如生菜、沙拉、西瓜、大白菜、苦瓜等寒凉的蔬果不宜不加限量地食用。如果想食用的话，在烹调时适当加入葱、蒜等，降低蔬果寒凉性质。

在春天，特别是回南天，当明显感到环境湿气带来的不适时，一些热带特有的水果如菠萝蜜、榴莲、芒果都不适宜吃，因为这些水果都属于"湿邪"之物。

天气潮湿，有人认为应该通过辛辣之物驱除体内湿气，在饮食中增加生姜、辣椒这类辛温之物，这是错误的。其实，驱寒不等于祛湿。春天，姜蒜这类温补的食物要依体质而选择食用。如果身体是寒性体质，平日腹泻畏寒等问题较多，可以多食用，从而获得祛湿又驱寒的效果；如果身体是火气大的热性体质，吃姜蒜之类的"火物"反而增加身体湿邪之气。

本篇将为您介绍家庭实用的祛湿汤膳，教您恰当地搭配祛湿食材和中药，帮助您达到祛湿的目的。

THE FIRST SOUP 此汤分量适合3～5人饮用。

此汤分量
适合3～5
人饮用。

当归淮山炖鹌鹑

功效：祛湿解困，补气活血

主料介绍：

当归是人们最为熟知的中药之一，民间有很多关于当归的药膳方和小偏方，有"十方九归"之说。

当归之所以能成为中药大家族里的"大众明星"，是因为它有着宝贵的药用价值。中医认为，当归味甘、辛、微苦，性温，归肝、心、脾经，香郁行散，可升可降，具有补血、活血、调经止痛、润肠通便的功效，主治血虚、血瘀、眩晕头痛、心悸肢麻、月经不调、经闭、痛经、崩漏、结聚、虚寒腹痛、痿痹、赤痢后重、肠燥便难、跌打肿痛、痈疽疮疡等症，为食疗良药。

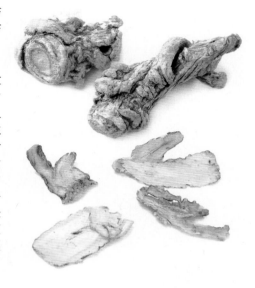

材料：

鹌鹑1只（约300克），当归15克，淮山20克，枸杞5克，猪瘦肉200克，姜适量。

做法：

1.将鹌鹑去内脏洗净，与猪瘦肉一同置沸水中稍滚沸，焯去血水；其他材料洗净。

2.将所有材料放入炖盅，加入3海碗水，以保鲜膜封住，隔水炖3小时即可。

▶ **营养小提示**

当归淮山炖鹌鹑有益气血、补虚损、祛湿困的功效，适用于病后或产后身体虚弱、心悸气短、倦怠乏力、失眠健忘、记忆力下降、食欲不佳以及贫血、神经官能症和更年期综合征等。

THE FIRST SOUP

此汤分量适合6～8人饮用。

婆据果海底椰煲鹧鸪

功效：祛湿利水，滋阴除燥

主料介绍：

鹧鸪既是一种非常美丽的观赏鸟，又是一种营养价值很高的美食珍禽。鹧鸪肉厚骨细，风味独特，营养极为丰富。鹧鸪肉含有丰富的蛋白质、脂肪、人体氨基酸和锌、锶等微量元素，具有壮阳补肾、强身健体的功效，是男女老少皆宜的滋补佳品。

鹧鸪味甘，性温，入脾、胃、心经，能利五脏、开胃、益心神、补中消痰。民间把鹧鸪作为健脾、消疳积的良药，其治疗小儿厌食、消瘦、发育不良等症效果显著。妇女在哺乳期间食用鹧鸪，对促进婴儿的体格和智力发育有明显的作用。

材料：

婆据果150克，海底椰100克，鹧鸪1～2只（约600克），猪瘦肉400克，猪脊骨600克，陈皮、姜适量。

做法：

1.将海底椰片用清水浸泡1小时；婆据果洗净略泡。

2.将鹧鸪宰净去内脏，与猪脊骨、猪瘦肉同置沸水中稍滚沸，焯去血水。

3.汤煲内加入6～8海碗水，水开后将所有材料放入，大火煲开后转文火煲3小时，再转大火煲15～30分钟即可。

▶ 营养小提示

婆据果有清热祛湿、利水健脾的作用，与滋阴的鹧鸪、润肺止咳的海底椰同煲，不仅味甘清润，而且有祛湿利水、滋阴除燥的功效。

此汤分量适合3～5人饮用。

薏米冬瓜煲猪蹄

功效： 养血祛湿，润肤丰乳

主料介绍：

猪蹄又叫猪脚、猪手，前蹄为猪手，后蹄为猪脚。猪蹄含有丰富的胶原蛋白，脂肪含量比肥肉低。近年研究发现，人体中胶原蛋白质缺乏，是人衰老的一个重要因素。胶原蛋白能防治皮肤干瘪起皱、增强皮肤弹性和韧性，对延缓衰老和促进儿童生长发育都具有特殊意义。为此，人们把猪蹄称为"美容食品"和"类似于熊掌的美味佳肴"。

传统医学认为，猪蹄有壮腰补膝和通乳的功效，可用于肾虚所致的腰膝酸软和产妇产后缺少乳汁之症。此外，多吃猪蹄对女性具有丰胸作用。

材料：

猪蹄500克，冬瓜500克，薏米30克，眉豆50克，姜适量。

做法：

1.将冬瓜去皮，切块；薏米、眉豆洗净，略泡。

2.将猪蹄洗净去毛，用沸水焯去血水。

3.汤煲内加入4～6海碗水，水开后将所有材料放入，大火煲开后转文火煲1.5小时，再转大火煲30～45分钟即可。

▶ 大厨提醒

猪蹄快速除毛妙招：先洗净猪蹄，然后用开水将其煮到皮发胀，再取出将毛拔除，省力又省时。

此汤分量适合6～8人饮用。

南北杏桑白皮煲猪肺

功效： 清热润肺，利尿祛湿

主料介绍：

桑白皮又称桑皮、双皮、双白皮等。

桑白皮性寒、味甘，归肺经。有泻肺平喘、利水消肿、降血糖、降血压、抗菌利尿的作用。

桑白皮的药用，在古书中已有记载。《本草钩元》上记载，"利水用生，咳嗽蜜炙或炒"；《本草图经》上记载，"桑皮汁主小儿口疮、敷之，涂金刃所伤燥痛，更剥得桑皮裹之，合汁得人疮中"。

肺虚无火，小便多及风寒咳嗽忌服桑白皮。

材料：

南北杏20克，桑白皮15克，猪肺1只（约750克），猪瘦肉200克，蜜枣4粒，陈皮、姜适量。

做法：

1. 将桑白皮洗净。

2. 将猪瘦肉置沸水中稍滚沸，焯去血水。

3. 将猪肺洗净，挤除泡沫，切块，起油锅，加生姜爆炒后入汤煲。

4. 汤煲内加入6～8海碗水，水开后将所有材料放入，大火煲开后转文火煲2小时即可。

▶ 营养小提示

猪肺味甘，性平，有补肺润燥的作用。南北杏味甘，性平，为宣肺润燥、止咳平喘的常用药。两者与桑白皮配伍煲汤，对流感病毒有克制作用，还可润肺止咳，治疗肺燥干咳、口干鼻燥。

此汤分量适合4~6人饮用。

炒扁豆玉米须炖陈肾

功效：祛湿解毒，利水消肿

主料介绍：

扁豆为豆科扁豆属的一个栽培种，多年生或一年生缠绕藤本植物，食用嫩荚或成熟豆粒。扁豆的营养成分相当丰富，含有蛋白质、脂肪、糖类、钙、磷、铁、食物纤维、维生素A原、维生素B_1、维生素B_2、维生素C等营养素，扁豆衣的B族维生素含量特别高。

扁豆性平味甘，入脾、胃经，有滋补强壮、调和五脏、安养精神、健脾益气、消暑化湿、清热解毒以及利水消肿之功效。扁豆适宜妇女白带多者以及急性肠炎、呕吐、泻痢等患者食用。

材料：

炒扁豆50克，玉米须20克，陈肾2只，猪瘦肉400克，老鸡300克，鸡爪6只。

做法：

1.将炒扁豆、玉米须、陈肾洗净。

2.将猪瘦肉、老鸡、鸡爪洗净，置沸水中稍滚沸，焯去血水。

3.将所有材料放入炖盅，加入4海碗水，以保鲜膜封住，隔水炖3小时即可。

▶ 大厨提醒

扁豆含有蛋白质、碳水化合物等营养成分，还含有毒蛋白、凝集素以及能引发溶血症的皂素。因此，扁豆一定要煮熟以后才能食用，以免发生中毒。疟疾、肾结石、尿路结石患者不宜食用扁豆。

此汤分量适合4～6人饮用。

祛湿豆炖鹌鹑

功效： 清热祛湿，补脾益气

主料介绍：

　　祛湿豆为粤北客家地区所产，又名多花花豆、红花菜豆、龙爪豆、大白芸豆、看花豆、雪山豆，因酷似荷包、色彩斑斓，又唤作荷包豆。祛湿豆煮熟后口感绵软粉糯，其性平和，不寒不燥，有良好的祛湿、补血、健胃的功效，是有名的健脾祛湿的豆类。

　　祛湿豆是高淀粉、高蛋白质、无脂肪的保健食品，具有健脾壮肾、增强食欲、抗风湿的作用，对肥胖症、高血压、冠心病、糖尿病、动脉硬化有食疗作用。

材料：

　　鹌鹑2只（约600克），猪瘦肉500克，祛湿豆100克，赤小豆100克，姜适量。

做法：

　　1.将祛湿豆、赤小豆洗净，略泡。

　　2.将鹌鹑宰净去内脏，与猪瘦肉一同置沸水中稍滚沸，焯去血水。

　　3.将所有材料放入炖盅，加入4海碗水，以保鲜膜封住，隔水炖3小时即可。

▶ 营养小提示

　　鹌鹑富含蛋白质、脂肪、无机盐、卵磷脂、维生素和人体必需的氨基酸，且容易被消化吸收。祛湿豆有祛湿利水的作用，用来炖鹌鹑，可清热祛湿、补脾益气，为老少皆宜的汤品。

此汤分量
适合4～6
人饮用。

玉米淮山炖鱿鱼

功效： 祛湿利水，清热滋阴

主料介绍：

鱿鱼，虽然习惯上称它为鱼，其实它并不是鱼，而是生活在海洋中的软体动物。

鱿鱼营养价值很高，是名贵的海产品。它和墨鱼、章鱼等软体腕足类海产品在营养功用方面基本相同，都富含蛋白质、钙、磷、铁等，并含有丰富的硒、碘、锰、铜等微量元素，对骨骼发育和造血十分有益，可预防贫血。鱿鱼还是含有大量牛磺酸的低热量食品，可缓解疲劳，恢复视力，改善肝脏功能。其所含的多肽和硒等微量元素有抗病毒、抗射线的作用。

中医认为，鱿鱼有滋阴养胃、补虚润肤的功能。

材料：

玉米300克，淮山50克，鱿鱼650克，姜适量。

做法：

1.将玉米洗净切块；淮山去皮洗净切块。

2.将鱿鱼去膜，洗净，切成片和条，在鱿鱼表面划上口。

3.将所有材料放入炖盅，加入4海碗水，以保鲜膜封住，隔水炖3小时即可。

▶ 大厨提醒

鱿鱼一定要煮熟透后才能食。因鲜鱿鱼中有一种多肽成分，若未煮透就食用，会导致肠运动失调。鱿鱼性质寒凉，脾胃虚寒的人应少吃。鱿鱼含胆固醇较多，故高血脂、高胆固醇、动脉硬化等心血管病及肝病患者应慎食。鱿鱼是发物，患有湿疹、荨麻疹等疾病的人忌食。

此汤分量
适合6～8
人饮用。

祛湿豆煲鲫鱼

功效：健脾祛湿，补中生气

主料介绍：

鲫鱼，又称鲋鱼、鲫瓜子、鲫皮子、肚米鱼，肉质细嫩，肉味甜美，为我国重要食用鱼类之一。

鲫鱼药用价值极高，其性味甘、平、温，入胃、肾经，具有和中补虚、祛湿利水、补虚羸、温胃进食、补中生气之功效，尤其是活鲫鱼氽汤在通乳方面有其他食物不可比拟的作用。

据分析，鲫鱼富含蛋白质、脂肪、糖、硫胺素、维生素、矿物质等营养成分。临床实践证明，鲫鱼肉对防治动脉硬化、高血压和冠心病均有疗效。

材料：

祛湿豆100克，赤小豆100克，花生100克，节瓜500克，鲫鱼500克，猪瘦肉500克，陈皮、姜适量。

做法：

1.将节瓜削皮，切块；祛湿豆、赤小豆、花生洗净，略泡。

2.将鲫鱼去内脏，下油锅煎至两面微黄；猪瘦肉用沸水焯去血水。

3.汤煲内加入6～8海碗水，水开后将所有材料放入，大火煲开后转文火煲2小时即可。

▶ 大厨提醒

鲫鱼下锅前，人们往往忘不了刮鳞抠鳃、剖腹去脏，却很少有去掉其咽喉齿(位于鳃后咽喉部的牙齿)的。去咽喉齿后做出的鲫鱼汤，味道鲜美，没有泥味。

THE FIRST SOUP 此汤分量适合4～6人饮用。

赤小豆粉葛煲鲮鱼

功效：祛湿解毒，利水消肿

主料介绍：

赤小豆性平，味甘、酸，有健脾利湿、散血、解毒的功效。

现代研究认为，赤小豆中含有大量可治疗便秘的纤维，以及有利尿作用的钾。此两种成分均可将胆固醇及盐分等体内不必要的成分排出体外，因此赤小豆具有解毒的功效。赤小豆还可用于治疗心脏性和肾脏性水肿、肝硬化腹水、脚气病浮肿和疮毒（外用）等症。赤小豆对金黄色葡萄球菌、福氏痢疾杆菌和伤寒杆菌等有抑菌作用。

赤小豆煮汤饮服，可用于治疗肾脏、心脏、肝脏营养不良以及炎症等多种原因引起的水肿。

材料：

赤小豆50克，粉葛500克，鲮鱼400克，猪脊骨300克，蜜枣4粒，陈皮、姜适量。

做法：

1.将鲮鱼去鳞宰净，入锅用小火煎至两面金黄色。

2.将粉葛去皮切块；猪脊骨置沸水中稍滚沸，焯去血水；其他材料洗净。

3.汤煲内加入6～8海碗水，水开后将所有材料放入，大火煲开后转文火煲1.5小时，再转大火煲15～30分钟即可。

➤ 营养小提示

赤小豆粉葛煲鲮鱼，有利水消肿、舒肝健脾的功效。在春季饮用此汤，能消脂瘦身、补中益气，效果甚佳。

此汤分量
适合6～8
人饮用。

鸡骨草赤小豆煲猪胰

功效：清热祛湿，清肝明目

主料介绍：

鸡骨草，别名红母鸡草、石门坎、黄食草、细叶龙鳞草、大黄草。

鸡骨草性凉，味甘，归肝、胃经，具有清肝明目、滋阴降火、健脾开胃、溢气生津、舒肝止痛的作用；还有抗病毒和细菌，预防和治疗感冒、流感、乙肝、病毒性肝炎、黄疸及乳腺炎等特殊功效。常用于黄疸，胁肋不舒，胃脘胀痛，急、慢性肝炎，乳腺炎。

两广民间用鸡骨草来治疗黄疸病的历史由来已久，在《岭南采药录》《岭南草药志》《广东中药Ⅱ》《南宁市药物志》《中国药用植物图鉴》等书中均有记载。

材料：

鸡骨草150克，蜜枣4粒，赤小豆50克，猪胰2条，猪瘦肉400克，陈皮、姜适量。

做法：

1. 将鸡骨草切小段；猪胰切成块。
2. 将猪瘦肉置沸水中稍滚沸，焯去血水；其他材料洗净。
3. 汤煲内加入6～8海碗水，水开后将所有材料放入，大火煲开后转文火煲2.5小时即可。

▶ **营养小提示**

鸡骨草赤小豆煲猪胰，味道清甜，同时具有清热祛湿、利尿、除水肿的作用，尤其适合春季潮湿、多雾的天气时饮用。

此汤分量
适合2~4
人饮用。

五指毛桃煲猪肚

功效：滋阴降火，祛湿化滞，止咳化痰

主料介绍：

五指毛桃为岭南常用草药，以桑科榕属植物粗叶榕的根入药，其性平，味甘、辛，有益气补虚、行气解郁、壮筋活胳、健脾化湿、止咳化痰的功效，用于脾虚浮肿、食少无力、肺痨咳嗽、盗汗、风湿痹痛、产后无乳等症。

五指毛桃又是一食药同源的植物，在广东地区民间用来煲汤。近年来，五指毛桃这一宝贵的植物资源引起了药学工作者的高度重视，对其化学成分、药理活性及其他方面的研究不断深入，并证实补骨脂素为五指毛桃的主要活性成分之一，具有抗菌、抗病毒、抗凝血、抑制肿瘤、免疫调节等作用。

材料：

猪肚500克，鸡爪6只，五指毛桃50克，姜适量。

做法：

1.将猪肚洗净后置沸水中稍滚沸，呈白色时捞出刮洗干净，除去油脂，切成小段；其他材料洗净。

2.汤煲内加入4海碗水，水开后将所有材料放入，大火煲开后转文火煲1.5小时，再转大火煲30～45分钟即可。

▶ **大厨提醒**

猪肚买回后先用清水洗两次，加适量白醋和生粉擦洗以去掉异味，再用清水洗去醋和生粉即可。

三花薏米瘦肉汤

功效：清热利尿，解毒祛暑，止血

主料介绍：

鸡蛋花具有清热、利湿、解暑的功效。此汤主治感冒发热、肺热咳嗽、湿热黄疸、泄泻痢疾、尿路结石，可预防中暑。

材料：

木棉花30克，鸡蛋花30克，槐花30克，薏米30克，瘦肉100克，炒扁豆30克，陈皮（或砂仁）12克。

做法：

将木棉花、鸡蛋花、槐花、薏米、瘦肉、炒扁豆、陈皮（或砂仁）洗净，一同放入砂煲中，加清水适量，用大火煲开，再转小火煲1小时，起锅时下盐即可。

此汤分量适合4～6人饮用。

木棉花土茯苓煲猪瘦肉

功效： 清热利尿，解毒祛湿

主料介绍：

木棉花，亦称"攀枝花""英雄树"，属木棉科。木棉花是广州的市花，俗称祛湿花。

木棉花味苦，性平，有宣散风湿、清热利尿、解毒祛暑和止血的功效，用于治疗泄泻、痢疾、血崩、疮毒等症。

木棉花是广东特产，也是有名的祛湿中药。广东民间常在春夏间用作煲汤煲粥，也可用来泡茶。广州著名的五花茶，其中的祛湿料就包括木棉花。

材料：

木棉花4朵，土茯苓200克，猪瘦肉500克，猪脊骨400克，蜜枣4粒，陈皮、姜适量。

做法：

1. 将木棉花、土茯苓用清水洗净，略为浸泡。

2. 将猪瘦肉、猪脊骨置沸水中稍滚沸，焯去血水。

3. 汤煲内加入4～6海碗水，水开后将所有材料放入，大火煲开后转文火煲3小时即可。

> ### ▶ 营养小提示
>
> 木棉花和土茯苓均有祛湿的功效，与猪瘦肉同煲，有祛湿毒、解湿困、益脾胃的作用，再配以陈皮、蜜枣，则此汤的味道更佳。选购木棉花时，以朵大完整、颜色棕黄者为佳品。

此汤分量
适合2～3
人饮用。

咸竹蜂煲猪瘦肉

功效：祛湿利水，清热利咽

主料介绍:

　　咸竹蜂，别名笛师、留师、竹蜜蜂、竹筒蜂、乌蜂、熊蜂、象蜂，是一种经过盐制的蜂。秋、冬季蜂群居竹内时捕捉，先封闭竹孔，将竹砍下，燃火加热，待蜂闷死后破竹取出晒干，或用盐水腌浸贮存。

　　《广西中药志》记载，咸竹蜂"味甘酸，性寒，无毒"，"入胃、大肠二经"。具有清热化痰、祛风定惊、行水消肿的功效，用于主治小儿惊风、风水浮肿、风痰闭窍、口疮、咽痛。

材料:

　　咸竹蜂8只，猪瘦肉500克，鸡爪6只。

做法:

　　1.将咸竹蜂洗净；猪瘦肉、鸡爪放入沸水中，焯去血水。

　　2.汤煲内加入2~4海碗水，水开后将所有材料放入，大火煲开后转文火煲1.5小时，再转大火煲30~45分钟即可。

▶ **营养小提示**

　　咸竹蜂炖猪瘦肉汁味道甘润，有利咽消肿的功效，尤其适合咽喉肿痛者饮用。

此汤分量
适合6～8
人饮用。

海带海藻黄豆煲猪脊骨

功效：清热祛湿，利尿止渴

主料介绍：

中医入药时将海带称为"昆布"，其性寒，味咸，具有软坚、散结、消炎、平喘、通行利水、祛脂降压等功效，并对防治硅肺有较好的疗效。

海带中的优质蛋白质和不饱和脂肪酸，对心脏病、糖尿病、高血压有一定的防治作用。海带胶质能促使体内的放射性物质随同大便排出体外，从而减少放射性物质在人体内的积聚，也降低了放射性疾病的发生几率。常食海带还可令秀发乌黑润泽。

材料：

海带50克，海藻50克，黄豆50克，猪瘦肉200克，猪脊骨400克，蜜枣3粒，陈皮、姜适量。

做法：

1.将海带、海藻用清水泡开洗净。

2.将猪瘦肉、猪脊骨置沸水中稍滚沸，焯去血水。

3.汤煲内加入6~8海碗水，水开后将所有材料放入，大火煲开后转文火煲2小时，再转大火煲15~30分钟即可。

▶ 大厨提醒

由于全球水质污染加重，海带中很可能含有有毒物质——砷，因此烹制前应先用清水浸泡2~3个小时，中间应换1~2次水。但浸泡时间不能过长，最多不超过6小时，以免水溶性的营养物质流失过多。吃海带后不宜马上喝茶，也不宜立刻吃酸涩的水果。患有甲亢的病人不宜吃海带。孕妇和乳母不宜多吃海带，这是因为海带中的碘可随血液循环进入胎（婴）儿体内，引发胎（婴）儿甲状腺功能障碍。

THE FIRST SOUP　　此汤分量适合4~6人饮用。

鲜淮山茅根煲山斑鱼

功效：生津止渴，清热祛湿

主料介绍：

茅根，又名茅草、白茅草、白茅根，是白茅的根茎。茅根味甘，性寒，有凉血益血、清热降压的保健功效。茅根中空有节，有利于散发郁积在脏腑的内热，将痘疹毒素排出体外，有利小便畅通，消胀止疼，还能清热利肺，平喘止咳。茅根味甘，咀嚼能生津止渴，滋阴润肺。

材料：

鲜淮山500克，玉米1根（约200克），茅根50克，山斑鱼600克，猪瘦肉200克，猪脊骨300克，蜜枣2粒，陈皮、姜适量。

做法：

1.将鲜淮山去皮洗净，切成大块；玉米切成四小段；茅根切成小段。

2.将山斑鱼去鳞宰净，入锅煎至两面金黄色。

3.将猪瘦肉、猪脊骨置沸水中稍滚沸，焯去血水。

4.汤煲内加入4～6海碗水，水开后将所有材料放入，大火煲开后转文火煲1.5小时，再转大火煲30～45分钟即可。

▶ 营养小提示

春季天气潮湿，人体容易出现湿重，以及容易引发皮肤病，这时应多食用茅根，以其煲汤可利尿祛湿、清热解渴，从而起到预防皮肤病的作用。

此汤分量
适合4~6
人饮用。

苍术茯苓炖猪肝

功效：燥湿健脾，益肝明目

主料介绍：

苍术，为菊科植物南苍术和北苍术的根茎，别名赤术、青术、仙术、马蓟。

苍术味辛、苦，性温，归脾、胃经，能燥湿健脾、祛风除湿，还有明目之功，可治夜盲症。此外，对湿阻脾胃、脘腹胀满、寒湿白带、湿温病，以及湿热下注、脚膝肿痛、痿软无力、食欲不佳、倦怠乏力、舌苔白腻厚浊等症均有良好疗效。

苍术气味芳香浓烈，味微辛苦。它的香味来源于所含的挥发油，主要成分是苍术醇、苍术酮、桉叶醇等。

材料：

苍术30克，茯苓50克，猪肝300克，猪瘦肉400克，姜适量。

做法：

1.将苍术、茯苓洗净，稍浸泡。

2.将猪肝洗净切片；猪瘦肉置沸水中稍滚沸，焯去血水。

3.所有材料放入炖盅，加入3海碗水，以保鲜膜封住，隔水炖3小时即可。

▶ **大厨提醒**

猪肝有一种特殊的异味。烹制前，首先用清水将肝血洗净，然后剥去薄皮，放入盘中，加适量牛奶浸泡几分钟，猪肝的异味即可清除。

此汤分量适合3～5人饮用。

茯苓石斛白术炖鹧鸪

功效： 健脾，生津，祛湿

主料介绍：

茯苓，俗称云苓、松苓、茯灵，为寄生在松树根上的菌类植物，形状像甘薯，外皮黑褐色，里面白色或粉红色。

茯苓味甘、淡，性平，归心、肺、脾、肾经，有渗湿利水、健脾和胃、宁心安神的功效，主治小便不利。它能增强机体免疫功能；茯苓多糖有明显的抗肿瘤作用；有利尿作用，能增加尿中钾、钠、氯等电解质的排出；有镇静及保护肝脏，抑制溃疡的发生、降血糖、抗放射等作用。茯苓还可用来做茯苓饼、茯苓酥和茯苓酒等。有的国家将茯苓作为海军常用药物及滋补品的原料。

材料：

茯苓30克，石斛30克，白术50克，鹧鸪1只（约400克），猪脊骨200克，猪瘦肉300克。

做法：

1. 将茯苓、石斛、白术洗净。
2. 将鹧鸪宰杀洗净，与猪瘦肉、猪脊骨一同放入沸水中焯去血水。
3. 将所有材料一同放入炖盅，加入3海碗水，以保鲜膜封住，隔水炖3小时即可。

▶ 营养小提示

白术祛湿益燥、和中益气，配以利水渗湿、益脾和胃、宁心安神的茯苓及健脾、消疳积的鹧鸪，三者同炖，使此汤健脾益胃、生津祛湿功效更佳。

此汤分量适合4~6人饮用。

槐花地榆生地煲草龟

功效：清热润燥，祛湿滑肠

主料介绍：

槐花味苦，性微寒，归肝、大肠经，具有入血敛降、凉血止血、清肝泻火的功效。主治肠风便血、痔血、血痢、尿血、血淋、崩漏、吐血、衄血、肝火头痛、目赤肿痛、喉痹、失音、痈疽疮疡等症。

从西医的角度看，槐花含芦丁、槲皮素、鞣质、槐花二醇、维生素A等物质。芦丁能改善毛细血管的功能，保持毛细血管正常的抵抗力，防止因毛细血管脆性过大、渗透性过高引起的出血，以及预防高血压、糖尿病。

材料：

槐花50克，地榆50克，生地30克，草龟1只（约400克），猪瘦肉600克，鸡爪8只，桂圆、陈皮、姜适量。

做法：

1.将槐花、地榆、生地洗净。

2.将草龟宰杀斩件，与猪瘦肉、鸡爪一同放入沸水中，焯去血水。

3.煲内加入3~5海碗水，水开后将所有材料放入，大火煲开后转文火煲3小时即可。

▶ 营养小提示

地榆凉血止血、泻火解毒，生地亦是清热凉血、养阴生津的良药，与槐花配以滋阴补血的草龟，使得此汤能清毒润肠、祛湿除火。

此汤分量适合6～8人饮用。

西藏红花雪莲炖老龟

功效：补阴益阳，祛风除湿

主料介绍：

西藏红花，采自海拔5000米以上的高寒地区，是驰名中外的"藏药"，其药效奇特，以活血养血的功效而闻名天下。

西藏红花味甘，性平，归心、肝经。据《本草纲目》记载，藏红花能"活血，主心气忧郁，又治惊悸"。西藏红花具有疏经活络、通经化淤、散淤开结、消肿止痛、凉血解毒的作用，长期坚持服用可全面提高人体的免疫力。

现代药理研究证明，西藏红花对改善心肌供血、供氧等方面疗效显著，西藏红花含有多种甙的成分，可明显增加大冠状动脉的血流量。

材料：

西藏红花30克，雪莲50克，老龟500克，猪瘦肉800克，鸡爪8只，

桂圆、火腿、陈皮、姜适量。

做法：

1.将西藏红花、雪莲、桂圆、陈皮等材料洗净。

2.将老龟宰杀，去内脏、头、尾及爪，与猪瘦肉、鸡爪一同放入沸水中，焯去血水。

3.将所有材料放入炖盅，加入6～8海碗水，以保鲜膜封住，隔水炖3小时即可。

▶ 营养小提示

孕妇、出血症患者、肠胃疾病患者忌用此汤。

132

此汤分量适合4～6人饮用。

冬瓜赤小豆煲生鱼

功效：养气生阴，利水消肿

主料介绍：

生鱼又名鳢鱼、乌鱼、黑鱼、财鱼。其性寒、味甘，归脾、胃经，有疗五痔、治湿痹、去面目浮肿、补心养阴、澄清肾水、行水渗湿、解毒去热的功效。

经现代医学检测，生鱼肉中含蛋白质、脂肪、18种氨基酸等，还含有人体必需的钙、磷、铁及多种维生素，适于身体虚弱、低蛋白血症、脾胃气虚、营养不良、贫血之人食用。此外，生鱼还有催乳、补血的功效。

材料：

冬瓜500克，江瑶柱4粒，赤小豆30克，生鱼400克，猪瘦肉400克，猪脊骨600克，蜜枣3粒，陈皮、姜适量。

做法：

1.将冬瓜削皮，切块；江瑶柱洗净，略泡；赤小豆洗净，略泡。

2.将生鱼破肚，去内脏，下油锅煎至两面微黄；猪瘦肉、猪脊骨用沸水焯去血水；其他材料洗净。

3.汤煲内加入6～8海碗水，水开后将所有材料放入，大火煲开后转文火煲3小时即可。

▶ 大厨提醒

用生鱼做汤，鱼不宜太大，400克左右即可。这样的鱼，鱼龄一般在一年左右，可以保证鱼肉的鲜嫩度。

此汤分量
适合4～6
人饮用。

雪莲沙参鸡爪炖鹿筋

功效：补肾阳，祛风湿，强筋骨

主料介绍：

雪莲花，别名雪荷花，产于新疆、青海、甘肃等地，为菊科多年生草本植物。它不但是难得一见的奇花异草，也是举世闻名的珍稀中草药。当地居民通常把分布在海拔2000米左右的石隙中的雪莲叫做"石莲"，把在海拔3000米以上雪线附近的雪莲，称为真正的雪莲花。

雪莲花味甘苦，性温，入肝、脾、肾经，有祛寒、壮阳、调经、止血的功效，主治阳痿、腰膝软弱、妇女崩带、月经不调、风湿性关节炎、外伤出血等症。据研究，雪莲花还有抗风湿、镇痛强心、终止妊娠、清除自由基、抗疲劳、解痉、降压、平喘及抗癌等药理作用。

材料：

雪莲50克，沙参50克，鹿筋200克，猪瘦肉800克，鸡爪10只，桂圆、陈皮、姜适量。

做法：

1.将沙参洗净；雪莲略泡。

2.将鹿筋泡发洗净，与猪瘦肉、鸡爪一同放入沸水中，焯去血水。

3.将所有材料放入炖盅，加入4～6海碗水，以保鲜膜封住，隔水炖3小时即可。

▶ 大厨提醒

雪莲烹制前需要浸泡一段时间，再连花带水入汤，让雪莲花味尽现。

THE FIRST SOUP　　　此汤分量适合2~4人饮用。

136

白果苦瓜炖猪肚

功效：健脾祛湿，滋阴养颜

主料介绍：

　　白果又称银杏、公孙树子。白果是营养丰富的高级滋补品，含有粗蛋白、粗脂肪、还原糖、核蛋白、矿物质、粗纤维及多种维生素等成分，具有很高的食用价值、药用价值、保健价值，对人体健康有神奇的功效，是老少皆宜的保健食品。

　　白果味甘、苦、涩，性平，入肺、肾经，具有敛肺定喘、止带浊、缩小便的功效。用于痰多喘咳、带下白浊、遗尿、尿频等症。经常食用白果，可以滋阴养颜抗衰老，扩张微血管，促进血液循环，使人肌肤、面部红润，精神焕发，延年益寿。

材料：

　　猪肚500克，猪脊骨400克，猪瘦肉200克，白果80克，苦瓜300克，红枣15克，桂圆、陈皮、姜适量。

做法：

　　1.将苦瓜洗净去瓤切块；白果去种皮、胚芽，浸泡6小时以上。

　　2.将猪肚外表油腻去除，翻转放盐抓捏，去清黏液，冲洗干净；放入沸水中滚余5分钟，捞出放进冷水盆里，刮去肚衣杂物，洗净，放入沸水中再滚10分钟，捞起待用。

　　3.将猪脊骨、猪瘦肉洗净，置沸水中焯去血水。

　　4.将所有材料放入炖盅，加入4海碗水，以保鲜膜封住，隔水炖3小时即可。

> ◗ **大厨提醒**
>
> 　　烹制白果前应去种皮、胚芽，浸泡半天以上；白果一定要煮熟透后才可食用，以免发生中毒。

此汤分量
适合4～6
人饮用。

板蓝根蔻仁田螺汤

功效：清热祛湿，预防感冒

主料介绍：

　　板蓝根是十字花科菘蓝属二年生植物菘蓝的根茎部分，其叶同属清热解毒药。

　　板蓝根味苦，性寒，归肝、胃经，有清热、解毒、凉血、利咽的功效，主治温毒发斑、高热头痛、大头瘟疫、舌绛紫暗、烂喉丹痧、丹毒、痄腮、喉痹、疮肿、痈肿、水痘、麻疹、肝炎、流行性感冒、流脑、乙脑、肺炎、神昏吐衄、咽肿、火眼、疮疹等症；可防治流行性乙型脑炎、急慢性肝炎、流行性腮腺炎、骨髓炎等症。

材料：

　　板蓝根80克，蔻仁40克，田螺200克，猪脊骨400克，猪瘦肉600克，蜜枣4粒。

做法：

　　1.将板蓝根、蔻仁洗净。

　　2.田螺用清水静养1～2天，漂去污泥，再用开水烫死，取出螺肉。

　　3.将猪瘦肉、猪脊骨洗净切大块，用沸水焯去血水。

　　4.汤煲内加入4～6海碗水，水开后将所有材料放入，大火煲开后转文火煲1.5小时，再转大火煲30～45分钟即可。

▶ **营养小提示**

　　体质虚寒者、脾胃不和者及幼儿体弱者不宜服用板蓝根，否则可能会导致畏寒、胃痛、食欲不佳等症。

此汤分量
适合2～4
人饮用。

黄精祛湿豆煲乌鸡

功效：祛湿健脾，补气养阴

主料介绍：

黄精，色如黄姜，别名老虎姜，为百合科黄精属多年生草本植物。常食能填补精髓、乌发驻颜，被李时珍誉为"宝药"。

黄精味甘，性平，归脾、肺、肾经，能滋肾润肺、补脾益气；有抗缺氧、抗疲劳、抗衰老作用；能增强免疫功能，增强新陈代谢；有降血糖和强心作用；具有补气养阴的功能。用于治疗脾胃虚弱、体倦乏力、口干食少、肺虚燥咳、精血不足、内热消渴等症。此外，黄精对于糖尿病有很好的疗效。

材料：

乌鸡500克，黄精40克，祛湿豆80克，赤小豆80克，枸杞15克，姜适量。

做法：

1.将黄精、祛湿豆、赤小豆、枸杞洗净，略泡。

2.将乌鸡洗净去内脏，斩大块，用沸水焯去血水。

3.汤煲内加入4海碗水，水开后将所有材料放入，大火煲开后转文火煲2.5小时，再转大火煲15～30分钟即可。

▶ **营养小提示**

乌鸡能温中益气、填精补髓、活血调经；黄精也有补脾润脾、益气生津的作用；祛湿豆有祛湿、补血、健胃的功效。黄精祛湿豆煲乌鸡，可起到祛湿健脾、清热润肺、补气补血的作用，更是糖尿病患者的食疗佳品。

此汤分量
适合6～8
人饮用。

胡萝卜玉米煲猪胰

功效：清热祛湿，益肺宁心

主料介绍：

　　玉米，味甘，性平，具有调中开胃、益肺宁心、清湿热、利肝胆、延缓衰老等功能。

　　现代研究证实，玉米中含有丰富的不饱和脂肪酸，尤其是亚油酸的含量高达60％以上，它和玉米胚芽中的维生素E协同作用，可降低血液中胆固醇浓度，并防止其沉积于血管壁。因此，玉米对冠心病、动脉粥样硬化、高脂血症及高血压症等都有一定的预防和治疗作用。维生素E还可促进人体细胞分裂、延缓衰老。玉米所含的谷氨酸有一定的健脑功能。

材料：

　　胡萝卜2根（约400克），玉米1根（约300克），赤小豆10克，猪胰2条，猪瘦肉400克，南北杏、陈皮、姜适量。

做法：

　　1.将胡萝卜去皮切块；玉米洗净切段。

　　2.将猪胰与猪瘦肉同置沸水中稍滚沸，焯去血水。

　　3.将猪胰用小刀刮去表面油脂，再切成小段；其他材料洗净。

　　4.煲内加入4～6海碗水，水开后将所有材料放入，大火煲开后转文火煲2小时即可。

▶ **营养小提示**

　　玉米有降血糖功能，长期以玉米煲汤饮用，对老人脾胃失调、糖分代谢功能失常有良好的食疗作用。

此汤分量适合6～8人饮用。

莲子薏米冬瓜煲乳鸽

功效： 补阴益阳，祛风除湿

主料介绍：

　　薏米，又名薏仁、苡米，是常用的中药，又是普遍、常见的食物。其性味甘淡微寒，有利水消肿、健脾祛湿、舒筋除痹、清热排脓等功效，可用于治疗水肿、脚气、小便不利、湿痹拘挛、脾虚泄泻，为常用的利水渗湿药。

　　薏米又是一种美容食品，其主要成分为蛋白质、维生素B_1、维生素B_2，常食可以保持人体皮肤光泽细腻，消除粉刺、雀斑、老年斑、妊娠斑、蝴蝶斑，对脱屑、痤疮、皲裂、皮肤粗糙等有良好疗效。

材料：

　　莲子50克，薏米20克，冬瓜500克，乳鸽1只（约300克），猪瘦肉400克，猪脊骨600克，蜜枣3粒，陈皮、姜适量。

做法：

　　1.将冬瓜去皮，洗净，切大块，去瓤；莲子、薏米洗净。

　　2.将乳鸽洗净，斩大块，与猪瘦肉、猪脊骨同置沸水中，焯去血水。

　　3.汤煲内加入6～8海碗水，水开后将所有材料放入，大火煲开后转文火煲1.5小时，再转大火煲30～45分钟即可。

▶ 营养小提示

　　薏米和冬瓜有祛湿利水的作用，而乳鸽性平，滋补肾脾，配以养心安神的莲子同煲为汤，有滋润祛湿、健脾安神的功效。